EXPERIENCE-BASED COMMERCIAL SPACE

体验式商业空间

2

金盘地产传媒有限公司　策划

广州市唐艺文化传播有限公司　编著

中国林业出版社

China Forestry Publishing House

图书在版编目（ＣＩＰ）数据

体验式商业空间 / 广州市唐艺文化传播有限公司编著.
— 北京 ： 中国林业出版社，2017.1
　　ISBN 978-7-5038-8759-8

　Ⅰ．①体… Ⅱ．①广… Ⅲ．①商业建筑—室内装饰设
计 Ⅳ．①TU247

　　中国版本图书馆CIP数据核字(2016)第259044号

体验式商业空间 2

编　　著：广州市唐艺文化传播有限公司
责任编辑：纪　亮　王思源
策划编辑：高雪梅
文字编辑：高雪梅
装帧设计：刘小川

出版发行：中国林业出版社
出版社地址：北京西城区德内大街刘海胡同7号，邮编：100009
出版社网址：http://lycb.forestry.gov.cn/
经　　销：全国新华书店
印　　刷：恒美印务（广州）有限公司
开　　本：245mm x 325mm
印　　张：50
版　　次：2017年1月第1版
印　　次：2017年1月第1版
标准书号：978-7-5038-8759-8
定　　价：748.00元（精）

图书如有印装质量问题，可随时向印刷厂调换（电话：020-84981812）

以体验之名

商业空间是公众进行购物消费的空间，其发展随着市场的日益完善而变化。目前的商业活动已不能等同于一种纯粹性的购买活动，而是一种集购物、休闲、娱乐及社交为一体的综合性活动。它反映的是顾客综合性的需求，这种需求在设计上的表现，则要求设计师创造一个更具体验感的空间，能够照顾人们多方面的感受，使其享受最完美的服务。

人们主要通过眼、耳、鼻、舌、身、心等获得多种体验和感受，当你照顾到的体验越丰富，顾客就越容易被打动。就像电影导演通过营造和圈定一种情感意境和氛围，完成对观众的情感"诱惑"，设计师通过体验感的营造来吸引消费者，增强其消费欲望。

不同的空间设计重点带来不同的体验感。比如突破性的造型可以为人们带来新鲜甚至是刺激的视觉体验。而空间中美学和声学效应的运用可使一些空间的视听效果达到最佳。这些体验感的实现往往是一些娱乐性质的场所。

流畅的动线和清晰的功能布局为人们营造更加舒适的环境，使人们的身体在此空间进行的活动更加方便快捷，一些大型的商业空间设计强调的正是这种体验感。

而空间光影、色彩的运用，装饰元素的添加，可以营造出不同风格和氛围的环境，这会直接影响人的思想波动和心理的变化。人们可以在会所或者餐饮空间获得这类的体验。

由此也可以发现，同一类型的空间往往在体验感的营造上有其共通之处，因此我们将项目分成八大类：餐饮、娱乐、会所、零售、售楼部、新兴业态、银行、大型综合商业，分别阐述不同类型空间的设计重点以及其对某种体验感的呼应。每个分类的项目实例都是近一两年来涌现的最优秀的设计作品，它们不仅有着强烈的个性和独特的风格，还能够将独特的体验感完美地融入到空间的设计中，为读者提供更具价值的启发。

作为年度商业空间设计的重磅图书，本书不再局限于简单呈现空间形态的设计，对于项目的VI、SI系统也有所表现，力求完整地呈现商业空间的一体化设计过程，帮助设计师获得更深层次的认识，在参考借鉴中取得更多的突破！

目录

会所

售楼部

零售

大型综合商业

银行

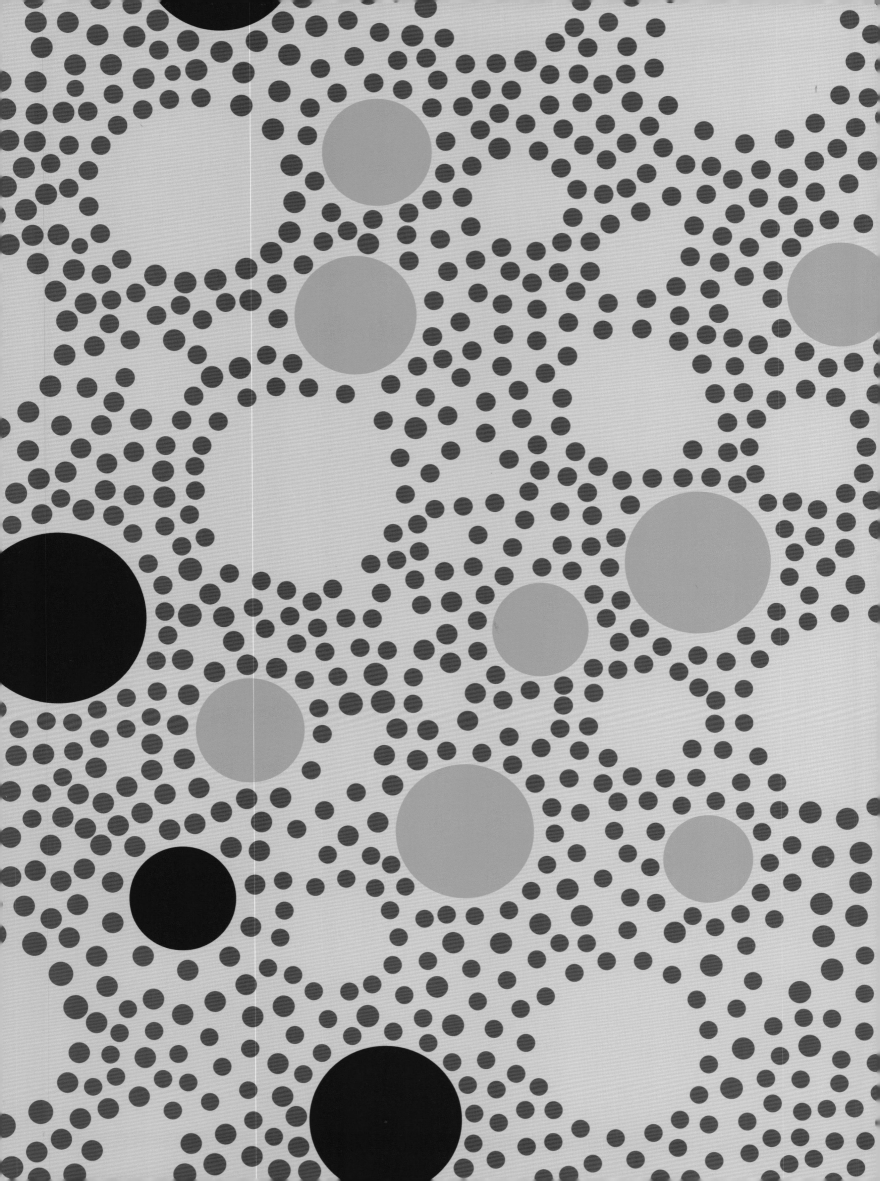

会所
品味空间

　　会所从字面上理解就是会员制娱乐场所，它不仅是会员与朋友休闲聚会的场所，也是一种财富的象征和身份标签。这种空间设计的重点主要是放在风格的选择上，不同设计风格的选择不仅可以体现会员的品位和档次，也能够体现出其所针对人群的喜好和特点。

　　设计师通过对空间造型的设计确立不同的风格。规律的重复造型，能给人稳定和平和的感觉，空间的风格通过偏暗的色调和具有质感的色彩表现稳重大气；自由的、不对称的、富有韵律的造型，会使室内气氛跳跃、热闹，给人以愉悦和兴奋的感受；古典式的造型为空间增添端庄古朴的韵味，给人以奢华、尊贵的享受；简洁、现代的造型，塑造出一种简约、利落的气质。这些风格的选择成为整个会所空间设计的点睛之笔。

禅意生活港湾
合肥意兰亭会所

项目地点: 安徽合肥	**供　稿:** 中国(合肥)许建国建筑室内装饰设计有限公司
项目面积: 460平方米	**摄　影:** 吴辉
设计单位: 中国(合肥)许建国建筑室内装饰设计有限公司	**采　编:** 陈惠慧
主要材料: 古木纹饰面板,小青砖,芝麻黑石材,仿古板	

项目借《偶然》一诗的意境表达空间主题,以徽派元素演绎禅意空间,中式古典装饰材料和色彩的完美组合,赋予空间一种雅致古典的韵味。浓厚的东方气息融合时代特色,为顾客精心打造了典雅、品位、健康的会馆休闲生活。

品牌定位: 意兰亭会所结合时代特色,专为成功人士精心打造一种尊贵、典雅、品位、和谐、新概念的健康会馆休闲生活,塑造了一个以专业保健、足疗、SPA、洗浴、汗蒸、棋牌、简餐、商务为一体的高星级标准的名人商务保健会所。

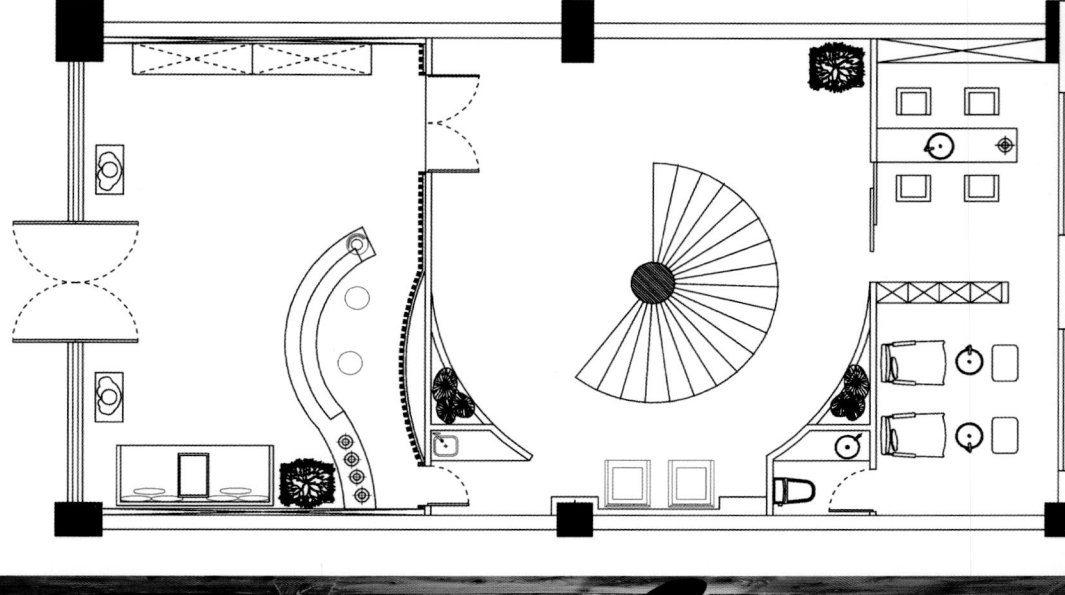

两层多功能区

项目位于安徽省合肥市，整体规划为两层，分为保健区、SPA区、洗浴中心、汗蒸房、棋牌室以及餐厅等功能区域。并按照项目整体设计风格，将每个区域精心打造成古典雅致的休闲环境，各个风格相同、手法相异。且每个功能分区以极具中国古典风格的屏风与木质材料加以分隔，空间以充满古典气息的素材装饰搭配，为人们提供一个身心放松的休闲娱乐场所。

禅意空间

设计师借《偶然》这首诗的意境来表达项目主题，寻求的是一种心境，寄托一种情感，打造舒适自然、安静放松的空间。设计融入徽派元素整合出带有禅意的清新中式空间，大面积层层堆砌的灰瓦作为装饰墙，就像是水墨画一样，甚具视觉冲击力，也让沉稳的空间中添了几分趣味。以自然质朴的传统中式元素的堆砌，并经过不一样的组合与搭配，营造的禅意氛围让人耳目一新。

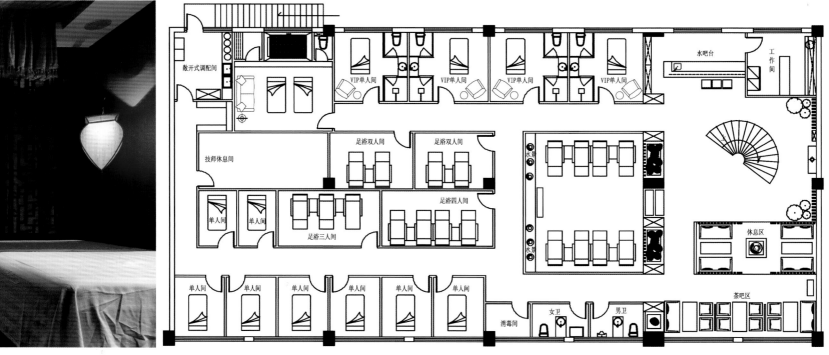

散开式调配间
VIP单人间　VIP单人间　VIP单人间　VIP单人间
水吧台　工作间
技师休息间
足浴双人间　足浴双人间
单人间　单人间
足浴四人间
足浴三人间
休息区
单人间　单人间　单人间　单人间　单人间　单人间
茶吧区
消毒间　女卫　男卫

古典元素

项目设计采用许多中国的古典元素材料，如幔帐、水墨画、屏风等。中式设计的整体节奏、材料以及色彩都把握得很到位。作为空间分隔的木屏风格栅圆门，原木中带着疤节肌理，显得质朴沉稳。工笔莲花壁画，装点着这充满禅意与东方韵味的空间。素色幔帐的运用，更是柔化了整体空间的感觉。让整个室内空间安静幽雅，且富有诗意与情趣。

中式禅韵
福州古逸阁茶会所

项目地点：福建福州市仓山区　　　**主要材料：**旧木、亚克力板、宣纸、灰镜
项目面积：185平方米　　　　　　**供　稿：**大木和石联合设计会馆
设计单位：大木和石联合设计会馆　　**采　编：**方燕

本案以旧木为主要的设计载体，通过材质之间的呼应与衬托、线条之间的交织与平衡、几何形态之间的构成与对比，不加赘述地表现空间的质朴与禅意，传统的中式元素点缀其间，整个空间变得韵味十足。

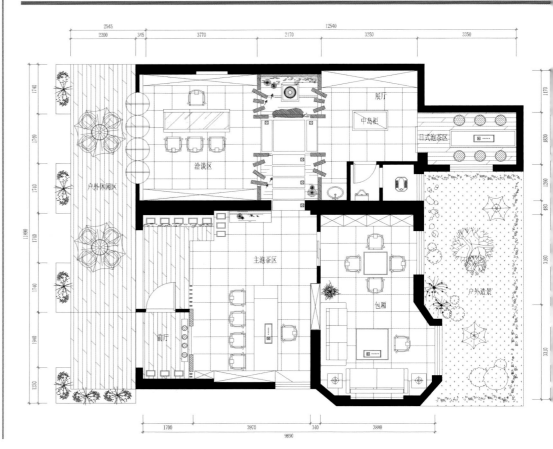

品牌定位：古逸阁的业主希望为像朋友一般的客人营造一个精神家园一样的归宿。会所的整体基调是"独"，这个独是指自我独立、分离，找到自己最想要的舒适状态。设计师从这个角度出发，创造了一个深具禅意的中式空间。

外部情境

古逸阁茶会所位于浦上大道,与万达商圈毗邻。虽地处繁华闹市,但设计师遵循"物尽其用是为俭"的理念,将一份古朴与清静浸润在空间之中。

会所前的户外区域,地面用厚实的枕木铺陈,桌椅有木质、石质、竹质,透着一股自然苍劲的美。墙面的透明玻璃仿佛是一副取景框,涵盖的风景或许是室内一个插着枯枝的陶罐、一把改良过后的中式椅子,抑或是灯光留下的影子。静谧的内室和清新的室外,二者相互借景,都显得生动可喜。

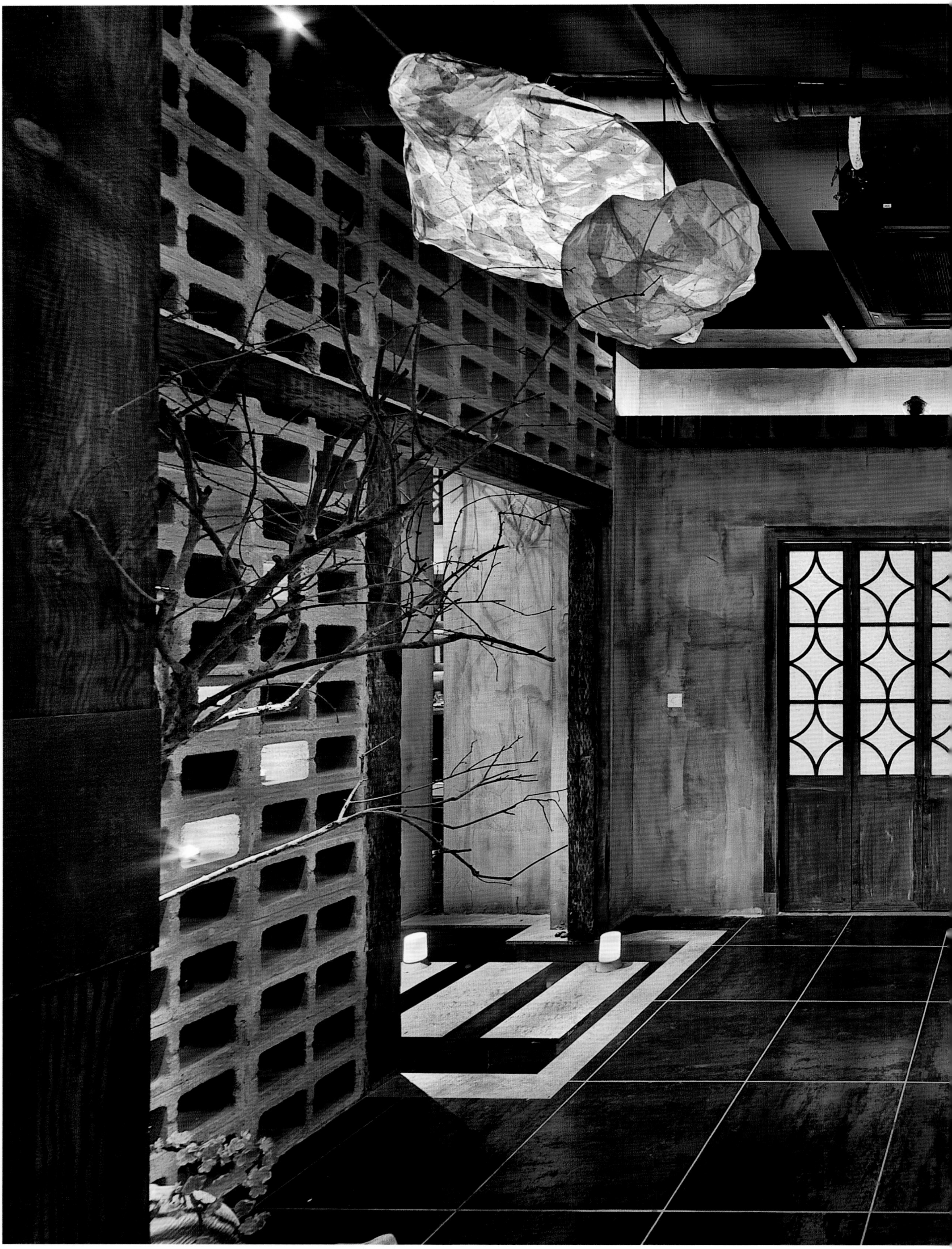

内部布局

设计师追求的主要意境是"无像无相"。会所的前台区域的顶上悬挂着若干浮云状的照明灯具，它们在光影的烘托下营造出和谐的律动，并实现了空间氛围的蜕变。前台区域的背后是一个包厢，古朴自然的材质在其间和谐共处。

一旁的走道用青石做踏步，周边配以水景与地灯。走道的尽头是一面由石砾组成的墙，下面的石墩上放置着若干松果，寓意菩提。其上方用白色枯枝装饰，在灯光的映衬下显得张力十足。与常规的佛像布置不同，这里是意境刻画的重点所在，设计师在此区域以意代形，将禅意与生俱来的气质展现得自然天成。

走道尽头的左侧是一个独立的品茶区，旧木、老物件是这里的主角，展现传统文化的灵动风姿。右侧是一个展示区，茶品、建盏、紫砂壶等物件陈列其中，古朴的情境演绎经过沉淀的生活。

旧物装饰

设计师善用旧物，空间的地板和墙面使用的都是从附近老房子拆迁得来的旧木，凹凸不平的纹理自成风景的同时，背后尘封的往事给人以遐想的空间，衬托出屋子素雅的氛围。此外，会所内的柜体、台面、隔物架、门窗均以旧木作为设计的载体。它们不仅蕴藏了蓬勃的生命力，也表现了设计师对传统文化的理解。除了旧木饰墙，天然麻布也是空间中重要的装裱材料，素而不俗。

流动的艺术
福州揽胜酒庄

项目地点：福建福州	主要材料：蒙托漆、玻化砖、橡木、壁纸、酒箱原木板
项目面积：180平方米	供　　稿：唐玛（上海）国际设计有限公司
设计单位：唐玛（上海）国际设计有限公司	采　　编：方燕

项目选择中西文化相结合的方式，通道、展示区与体验区采用流线感手法演绎，以特有的留白空间、线条和中式水墨画等装饰形式进行演绎，并将西方红酒文化与后现代主义融入空间设计中，并采用可持续性材料进行装饰，让顾客有一个愉快的品酒之旅。

品牌定位： 揽胜酒庄是一家经营专业纯进口法国波尔多产区红酒的酒会所。有别于一般的零售，揽胜酒庄的体验式销售模式注入了葡萄酒及西方红酒文化的立体展示，在西方生活方式的模拟中引导消费者的一种全新消费理念——文化体验式消费。

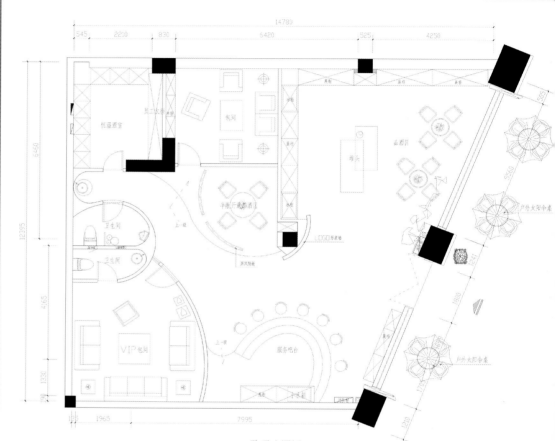

流线规划

    项目位于福建福州，整体规划分为展示区与体验区。两个区域间没有明显的划分界限，体验区在展示区之中，两者呈流线型设计，借助蜿蜒的过道，把空间质感勾划而出。体验区除了开放式空间外，还设有半封闭式包厢，包厢设计采用中国传统曲径通幽的手法演绎，陈设软装以后现代风格为主，每个体验区上方都设计了小型吊灯，增加了局部的光照强度。

中西合璧

    设计师以中西方文化的思考方式，将西方特有的装饰形式，即纯白的留白空间、线条、涂鸦漫画等用现代东方手法诠释。过道中墙壁的漫画有从酒庄建筑的描绘到内部的葡萄、酒瓶的特写，这些西方红酒文化的元素通过类似于中国水墨画的意境和西方涂鸦式的手法呈现，引人入胜。包厢内部的陈设软装以后现代风格为主，用丰富的色彩造型和柔和的材质带来温暖舒适的空间体验。

打造手法

　　整体空间设计以"少即是多"的手法来表现。大面积的留白空间将设计元素简单化，背景墙及通道内壁墙面在保证空间功能的前提下只在整体形状和表面装饰上稍加点缀。留白的玻化地砖则保证了空间横向的开阔性，其镜面效果也在光影作用下纵向延展了空间高度。配合纯白的主题色调，利用零散的灯带与筒灯烘托氛围。为了塑造以简胜繁的空间效果，采用漆、壁纸、玻化砖作为墙壁和地板的用材，同时突出绿色设计的理念，采用原木水性漆进行装饰，室内隔断、窗帘则采用纸制材料。

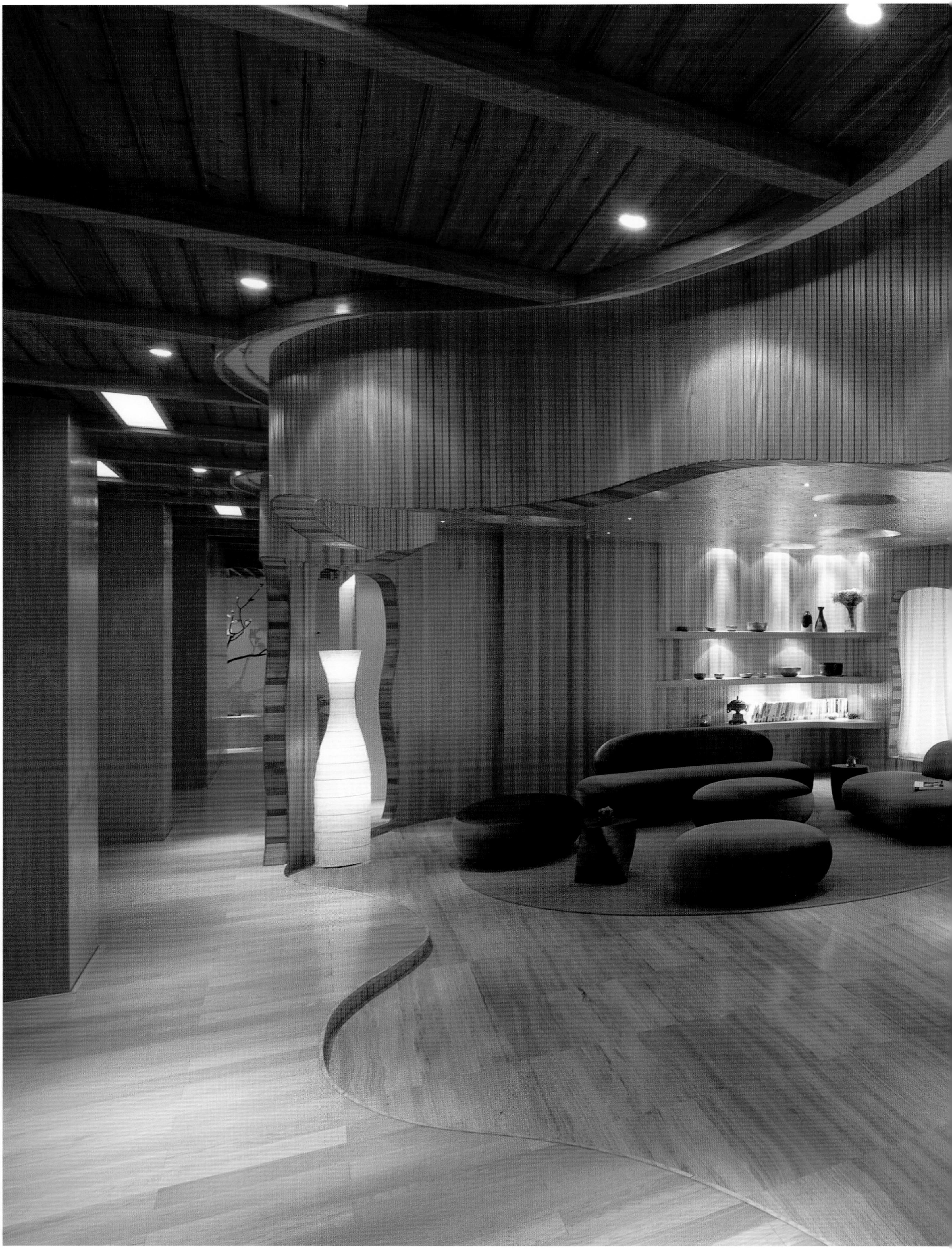

自由布局

　　项目位于浙江杭州，整体布局上以自由平面与弹性隔间配置，综合多种区分动线的形式，让布幔与移动镜面在有限度的空间内相互搭配，灵活使用；把广场、花园、庭院和冥想、瑜伽、打坐、太级连串成一系列内心沉淀的过程，巧妙地安排于会所中。此外，项目还有效地利用下沉广场的光线，衍生创造出富有变化的环境，营造出空间在层次上蔓延的效果。

水纹之美

　　设计师立足杭州本土文化，以优美的水纹线为美，作为设计概念的主轴，达成富有灵动生气的印象。设计师在空间中放入蜿蜒的柳安木条，巧妙界定出公与私的区域，给空间规划出多层次变化，并营造出如风游走于水面的涟漪感。律动的自由曲线，如水之木条的连动性，让不同机能在弯弯曲曲间巧遇糅合，又在转角处自然形成分岭，开创新的风景。

　　除了保留真实的美外，设计师也将中西文化上对美的语汇融入在设计中，前卫写意的风格，东方的"神"与西方的"韵"在此碰撞交汇。

质朴原材

　　在材质运用上，特别强调以质朴来呈现原材料该有的温度与感觉，原生运用了实木、石头、银箔光影等，让材料展现出原始韵味。朴素的白墙、柔和的柳安条与柚木地板，让一味坊有了温暖的空间质感；在银箔天花反射下，渐渐模糊了如镜花水月般的空间；设计师细心搭配那柔和与宁谧的饰品，更让项目整体显现出娴静婉约的气质。

人文韵致
江阴敧山湾会所

项目地点：江苏江阴
项目面积：3 500平方米
设计单位：金螳螂设计研究院第十二设计分院

主要材料：橡木木饰面、青石板、铜艺门、玻纤壁布、
　　　　　皮革硬包、灰麻毛板
供　　稿：金螳螂设计研究院第十二设计分院
采　　编：方燕

项目采用"新中式"装饰风格，通过在现代的装修风格中融入古典元素，把中国古典美学与韵味融入到设计中，运用环保且独具风情韵味的材料，营造出一个人文、自然、和谐的"灰色空间"，为顾客带来轻松休闲的会所生活。

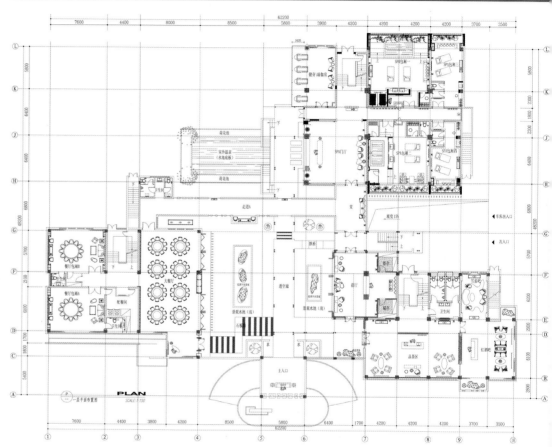

PLAN
SCALE 1:150
一层平面布置图

品牌定位： 敧山湾会所是集会所、接待，别墅于一体的综合性简约中式风格建筑会所。利用建筑及环境的先天优势，打造具有现代功能的人文私人会所。原生态与现代中式风格相结合。创造一个自然、和谐的"灰色空间"。

宅院布局

　　项目位于江苏江阴市，设计师计划空间能使顾客在潜移默化间令身心为之舒畅。以其自然舒适、阳光充沛的个性，整体基调为稳重大气的灰色，设计以传统建筑形态布局，根据古式宅院的布局形式，将空间在功能基础上做出一个精致的围合形态，项目整体划分为三栋二层高的建筑，建筑将中心的水池围合，通过半露的连廊互通，建筑的语言也较现代，大起大落，窗户落地尽量敞开，让人与水池形成一种精神交流。在现代开放及相对隐私之间，达到一个中性平衡，成为仿古建筑的高尚典范，为顾客带来一个私密且舒适的休闲空间。

人文空间

项目采用"新中式"装饰风格,设计计划让现代化的建筑形态与中式韵味相得益彰,因此摒除复古元素的简单堆砌与传统文化的纯复古装修,而是在现代的装修风格中融入古典元素,把中国古典美学与韵味融入到设计中,从在水池中的莲花、抽象运用的树干、江南屋雨形成的一种水滴线里面寻找元素,再进行结合、创造,营造"现代衣"、"传统魂"的独特魅力。旨在将空间以传统文化的形态意识经过现代审美的观念进行改良,把讲究以中为尊、以尊为和、以和为贵的人文韵味发挥得淋漓尽致。

韵味元素

选材以精、少、环保为原则,运用橡木擦色、玻纤壁布乳胶漆、青石板毛面处理等具有风情韵味的材料,古韵肌理的存在赋予了其视觉及触觉的丰富程度,搭配灯光的点缀,推进一些深邃感。灯光的手法运用重点照明与局部照明结合,多采用台灯、落地灯、回光的形式。在软饰上提倡"功能隐喻于装饰",没有采用过多的独立艺术品,精简且传神。

自然的冥想
海南观澜湖火山岩矿温泉

项目地点: 海南海口		**主要材料**: 竹子、火山岩	
项目面积: 88 000平方米		**供　稿**: 美国SB建筑事务所	
设计单位: 美国SB建筑事务所		**采　编**: 张雅林	

本项目将充满灵感创意的设计理念变为现实，这种理念的主要承载体就是项目的核心建筑——水疗中心，其环状结构的设计理念来自于传统的客家土楼，而所使用的当地盛产的熔岩石与竹子等材料，则是将设计建立在海南岛自然风貌和地形条件的牢固基础之上。这些元素营造出一个安宁、冥想的环境，为宾客提供超乎想象的水疗体验。

品牌定位：项目是观澜湖海口国际高尔夫度假区的一大重要组成部分，整个度假区为宾客提供众多康体、休闲、养生、娱乐和餐饮体验。设计师希望无论是高尔夫爱好者、追求宁静体验的宾客、还是热爱旅行的人士，都能在这里发现前所未有的全新度假体验。项目为海南岛乃至整个中国奠定了设计、服务和水疗体验的全新标准。

整体布局

　　观澜湖水疗中心是整个宏伟的观澜湖火山岩矿温泉公园的核心建筑，周围环绕着近44 000平米郁郁葱葱的景观花园、168处温泉与水景，以及按五大洲养生水疗理念划分的众多理疗场馆，即亚洲区、大洋洲区、美洲区、欧洲区、中东与非洲区，而这一系列区域共同构成了整个观澜湖火山岩矿温泉公园。

　　此外，项目还有29座奢华的水疗别墅，所有建筑构造均与整个度假区的独特设计风格和谐呼应。建造于火山熔岩上、由竹子构成的高挑空间精致而巧妙，精美的空间与室外的美景融为一体，带来私密独享的静谧体验。

特色水疗中心

　　水疗中心主楼由61间设备齐全的理疗套房组成，它的建筑设计新颖独特，以被列入联合国世界文化遗产的福建传统客家土楼为设计灵感。长达800米全竹结构的"龙脊长廊"连通着各个风格不同、功能各异的主题区，以高悬的半圆形竹制顶棚为特色，整体构建于一块巨大的火山岩石基座上，微微倾斜的设计更加突出了庄严华丽的气氛。

　　纵向凌空挑起的空间感加上竹子的环保可持续特质，营造出一种强有力的设计理念。设计中大量使用了本地十分丰富的火山岩及竹子等天然材质，使得水疗中心整体与海南岛的自然环境与地理风貌相得益彰。水疗中心屋顶装饰的大陶土瓦与竹节状脊柱上装饰的传统中式瓷砖相呼应，同时这些瓷砖的运用也彰显了当地建筑与传统特色。

沐浴自然
西班牙马略卡岛Castell dels Hams酒店游泳池&SPA

项目地点：西班牙马略卡岛
项目面积：690平方米
设计单位：A2arquitectos: Juan Manazares and Cristian Santandreu

主要材料：玻璃窗户、马赛克、金属构件
供　　稿：A2arquitectos
摄　　影：Laura Torres Roa & Antonio Benito Amengua
采　　编：谢雪婷

项目表现了对地中海地区的日光和自然风光的赞美，泳池和Spa的设计使用了大量的方形开口元素，使得外部的自然美景可以从不同的角度投射进内部空间，与斑斓的光线一道，为宾客带来舒适、享受的休闲氛围。

品牌定位： 这家创立于1967年的小酒店位于地中海马略卡岛茂盛的绿色植被之间。随着时间的推移，经过一些细微的改进和扩展，如今它已成为岛屿东部最具特色的酒店之一。项目的最近一次改建力求让空间更好地与地中海阳光与田园诗般的美景产生互动，使酒店能突破度假胜地的单一定位。

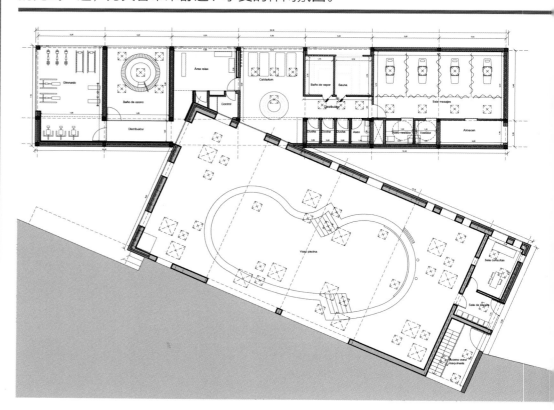

区域设置

项目的改建工作主要是替换现有泳池的覆盖结构和围墙，并在相邻区域创建一个水疗中心。整个开发过程分为两个独立的区域，有针对性的设计以适应两种功能自身的具体需求。泳池区域以一系列方形开口的结构覆盖，开口让自然光能够充足射入。水疗中心的位置则为游客带来周围自然景观的最佳视点，并在所有需要阳光射入的房间采用与泳池区相同的方形开口元素。两部分空间在一点交汇相通，酒店大堂有直达泳池区的通道。

泳池设计

泳池的设计挑战不仅仅是要让新的空间被有效利用，同时它们应起到突出酒店阳光明媚气氛的作用。现已完成的改造中，方形开口之间相互作用，自然光通过从绿色屋顶、墙壁等不同方向射入，就像在空间中舞蹈。

Spa设计

在水疗馆，空间设计是细心雕琢的结果，屋顶的开口让色彩斑斓的光线倾泻而入，使得整栋建筑成为水疗的一部分内容，因为它可以通过自然给人带来幸福感。舒适的自然环境引入空间使客人完全沉浸在水疗的美妙之中。

奇幻旅程
深圳金航水疗城

项目地点： 深圳	**主要材料：** 透光石、茶镜、木饰面、皮革、石材、石砖等
项目面积： 6 000平方米	**供　　稿：** 史礼瑞设计师有限公司品牌部
设计单位： 史礼瑞设计师有限公司	**采　　编：** 张兰

品牌定位： 深圳金航水疗城是深圳光明新区首家高端商务精品会所，沿用东南亚设计风格，精致典雅的豪华装修，给来宾提供优良舒适的环境，集桑拿水疗、美容SPA、保健按摩、美食、客房为主营，电影院、足球吧、VIP多功能房，棋牌室、美/英式桌球、康体娱乐等为辅营的综合性一站式休闲会所。

项目以"迪亚斯之旅"为主题，寓意着一个好的开始。采用东南亚风格，用材简洁，线条勾勒大胆、流畅，色彩清爽、饱满，绿意盎然，像是一趟充满氧气的东南亚环海旅行，把清新自然的东南亚热带雨林风情表现得淋漓尽致。顾客在此不仅享受到身体的舒畅，也是一场心灵与精神的奇幻之旅。

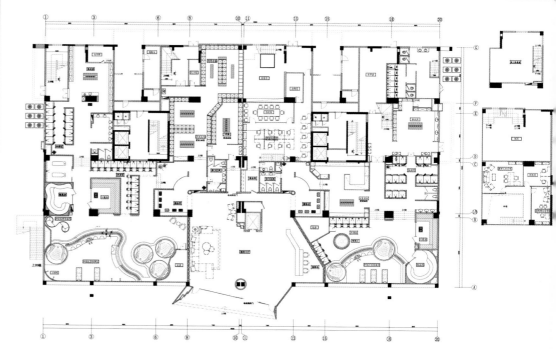

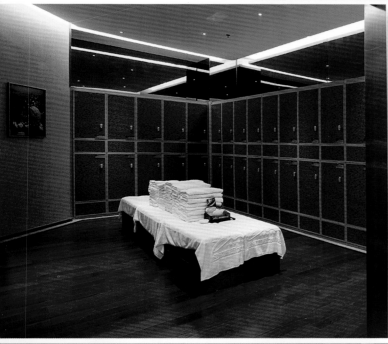

主题空间

　　项目位于深圳光明新区。走进大门，明亮的灯柱矗立在大堂两侧，像迪亚斯在寻找通往东方的航道上的灯塔，布局随着"迪亚斯之旅"的主题，以惊喜与奇幻开始。二楼作为用餐、休闲、娱乐的区域，功能齐全，主色调与一楼衔接，贯穿始终，光鲜而不失自然。公共休息区选色多为沉稳色，低调而显雅致。麻将房风格多以现代为主，色调各异。SPA房顶部的光纤透着紫色的光晕，犹如水母的触手。泰式按摩房以木色为主，置身绿色森林，尽情呼吸零污染的空气。影视厅科幻却不失淳朴，空间以绿色和木色为主打，水波荡漾，如置身幻境。泳池按摩区绿意盎然，水池碧波粼粼，吸顶灯半透明着，如同深海珍珠耀耀生辉。

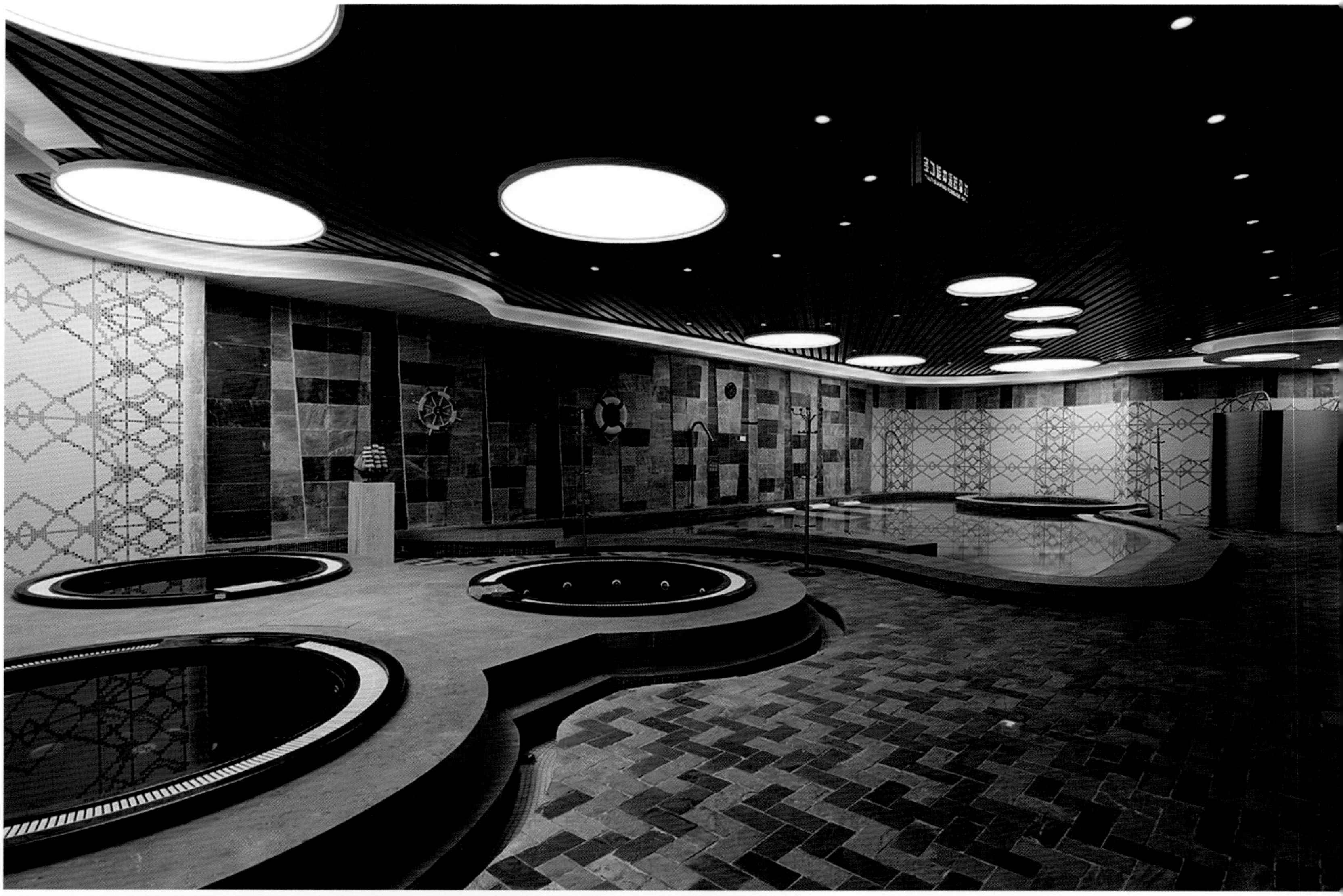

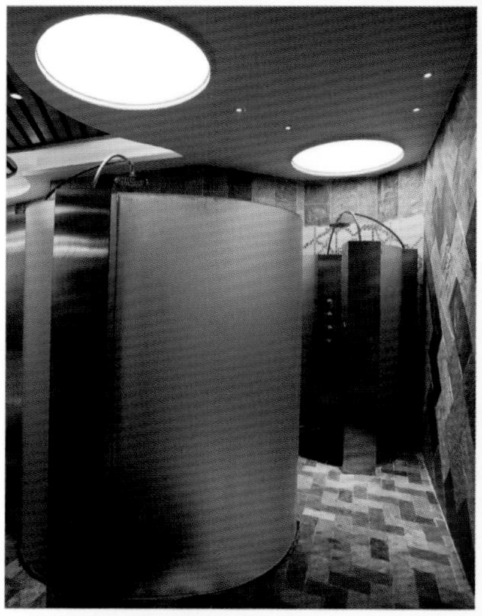

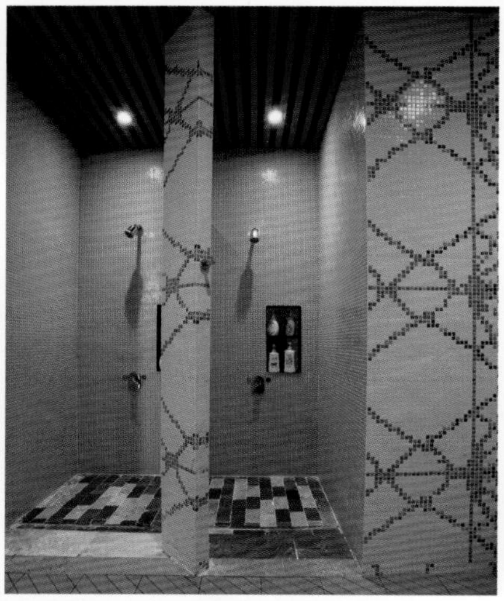

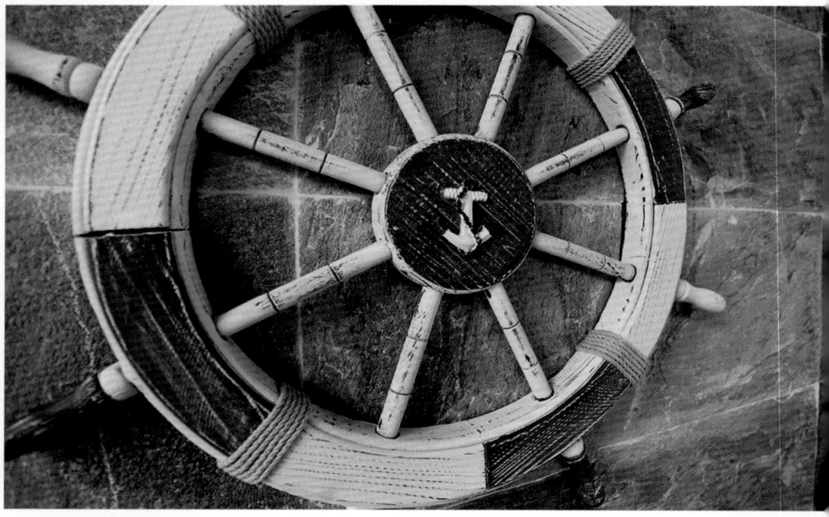

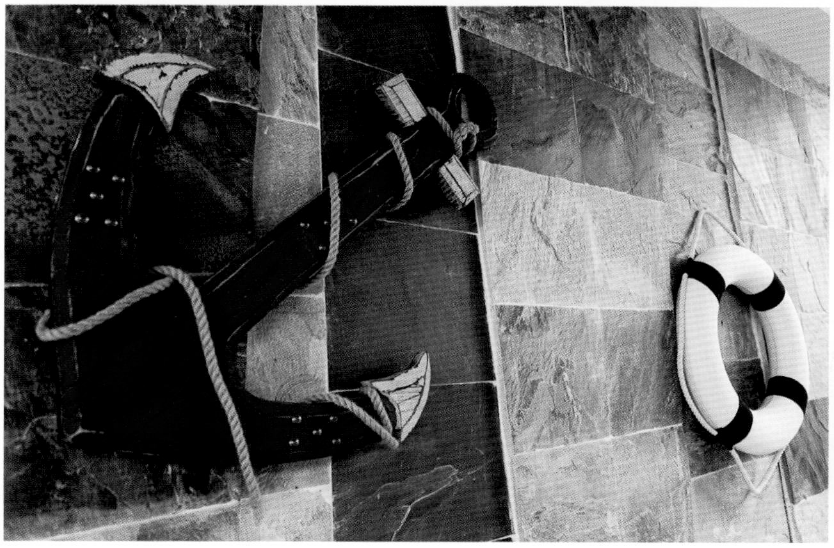

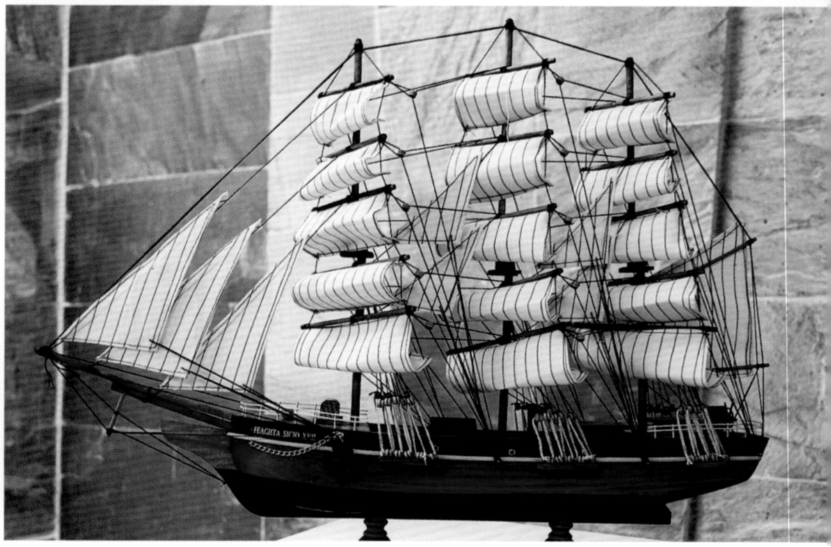

淋浴区
SHOWER AREAS

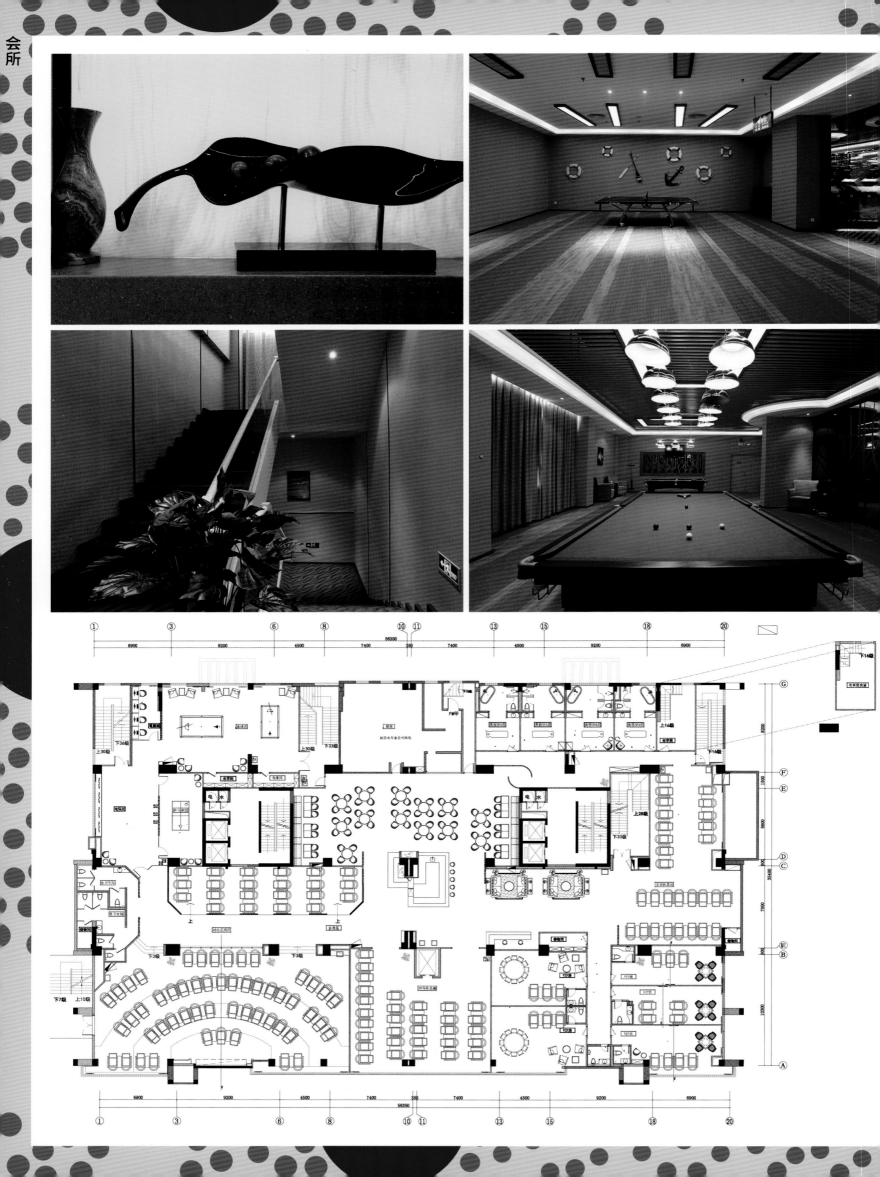

东南亚风格

　　项目采用贴近自然清新的东南亚风格，造型简洁，线条流畅。主要采用皇家木纹、柏斯粉红、大漠风情等石材，硬朗而气派。高挑的天花，搭配别具风格的吊灯，烘托了整体空间通透立体的气氛。墙身部分采用翠绿色皮革，产生水底气泡的迷幻感，雨林绿的墙面远远看去像飞流直下的瀑布，又或者是涓涓溪水，营造出身临大自然的空间氛围，充满海洋清新气息。整体设计线条感十足，空间气场也随水波流畅起来。小小的装饰品是空间的点睛之笔，游动的鱼、贝壳、珊瑚，营造出枝叶繁茂、青葱翠绿的浮岛氛围，把东南亚热带雨林的氛围都表现得淋漓尽致。

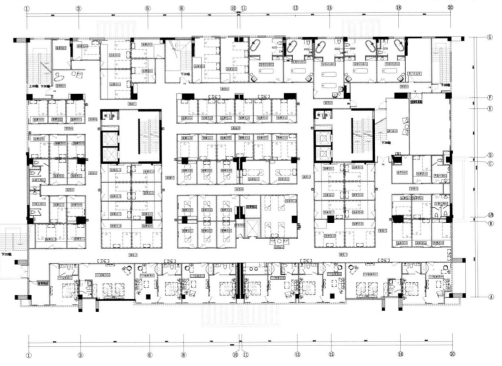

欧风雅韵

北海天隆三千海高尔夫会所

项目地点：广西北海
项目面积：9 600平方米
设计单位：深圳大易室内设计有限公司
主要材料：海浪灰、意大利木纹、古木纹、鱼肚白、黑伦金、雨林绿、亚洲米黄、金香玉、黑金砂、深啡网、铁艺、银镜、马赛克、木饰面板、实木地板、塑木地板等

供　稿：深圳大易室内设计有限公司
采　编：陈惠慧

项目主要采用的是现代欧式的风格，整体给人一种大气精致的感觉。内部使用的装饰材料丰富多样，根据不同的空间表现需要而定，天然纹理的石材、木材、地毯被广泛使用，图案呈现多元化，从视觉和身心上带给顾客多重享受。

品牌定位： 本案所在的天隆三千海是一座集高层住宅、别墅、购物广场、娱乐城、写字楼、高尔夫为一体的海岸藏品，所服务的人群都是社会的高品位精英人士。本项目的设计需要配合整体的定位，内部的装修采用大气又精致的后现代欧式风格，希望为来此运动、击球的人士提供一个获得身心享受和关怀的地方。

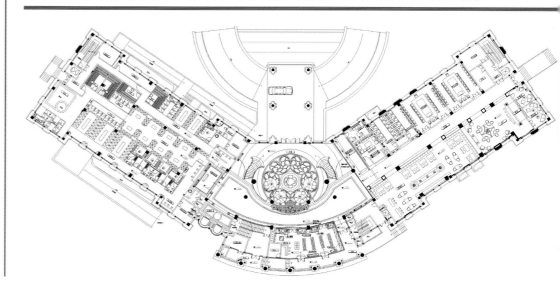

高品位布局

    项目面朝太平洋，傲立中国北海银滩西区，拥有一线蔚蓝海景，外墙采用意大利进口罗马洞石铺装，气派而壮观。内部空间雍容华贵，有着丰富的服务配备。会所的一楼设中西餐厅、咖啡厅、雪茄吧、红酒吧，装修古朴而清新。会所二楼设大型宴会厅、14个大中包厢、全景休闲茶吧，风格品位高端。三楼则是会所客房，每个房间都有其特色景观。

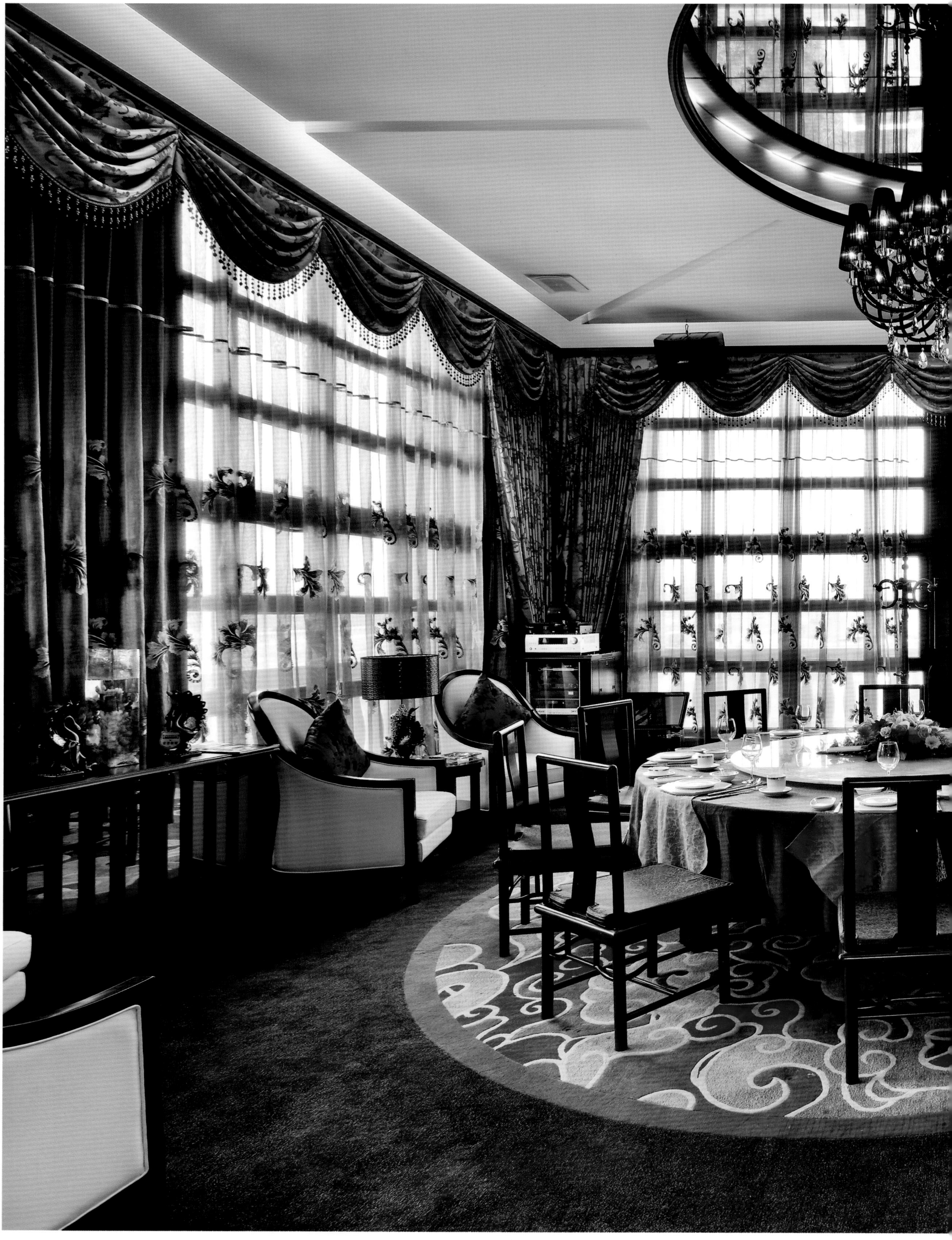

风格装饰

项目的材质高档，空间线条流畅，新中式元素和古典欧式元素的适当穿插点缀，加强了整体空间的设计感，并体现其对不同风格的包容。

墙壁和地面所采用的装饰材料丰富多样，根据不同空间的表现需要而定，石材、木材、地毯一应俱全，图案呈多元化形式，丰富了空间的视觉内容。在软装饰上，设计师选用了大量考究的物品，以少而精的方式出现于空间中，这样既避免了过多繁琐的东西导致人们眼花缭乱，也体现出空间本身的高品位和不拘一格。

此外，此会所大部分的墙壁都用石材来装饰，石材上的天然纹理，有的如大山般尽显磅礴之气，有的与室内的各种线条遥相呼应，大大提升了室内的空间感，让整个会所显得奢华大气。

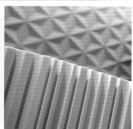

品牌定位： 维京大西洋JFK会所是一个汇聚私人俱乐部、精品酒店大堂、餐厅及时尚酒吧等功能于一体的会所空间。设计表达对纽约城市蓬勃生机的赞美，同时又颂扬了航空公司自身拥有的优良品质。

都市梦想
美国纽约维京大西洋JFK会所

项目地点：美国纽约
项目面积：10 000平方米
设计单位：Slade Architecture
主要材料：石材贴面、定制穿孔金属板、横纹地板、
（白色）日式混泥土砖、定制木翅板、
定制天花图案、定制鹅卵石座椅、球形沙发、壁纸

供　稿：Slade Architecture
摄　影：Anton Stark
采　编：张雅林

项目两边是登机道，下方停放着维珍大西洋客机，直面TWA航站楼。设计师根据声音级别设置了三个功能区，采用规模较小的设计元素，采用特色纹理的定制壁纸，突出了项目的特色，配合新型材料的运用，营造出轻松舒适、曼哈顿般的梦幻空间感。

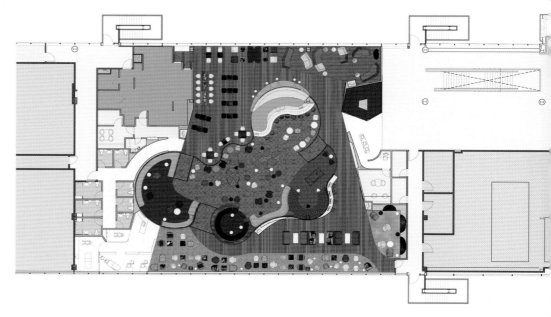

声音级别分区

项目位于美国纽约，为了重现上世纪60年代航空旅行的迷人魅力，设计师将会所两边变成登机道，会所下方停放着维珍大西洋客机，直面TWA航站楼。

设计师根据不同声音级别，在项目中设置了安静休息室、聊天休息室及鸡尾酒休息室三个功能区，并根据时间长短要求不同而把区域按空间距离安排。云形鸡尾酒休息室位于会所的中心位置，同时也是休息区的中心区域，因此整个空间都围绕着它而组织，呈现不同区域：中间是鸡尾酒休息室，东边是聊天休息室，而安静休息室则位于西边。

步入鸡尾酒休息室，首先引入眼帘的是一扇精致、弯曲的 "墙"，不锈钢条配上胡桃翅片的 "墙体" 沿着边界线上蔓延，环绕着云形平面，营造出一系列不同的区域，两个灰色鹅卵石形空间，配上不对称的坐席设计和球形沙发，形成独特的座椅景观。圆柱棒从天花板上悬挂而下，形成一道亮丽的风景线。聊天休息室的设计满足群体交换聊天的需求，同时餐厅也设置在这一区域。安静休息室内的一端是一扇扇铝制穿孔墙面，素化云形小孔配上弧形坐席设计，营造漂浮感；另一端则是水疗中心和美发沙龙。

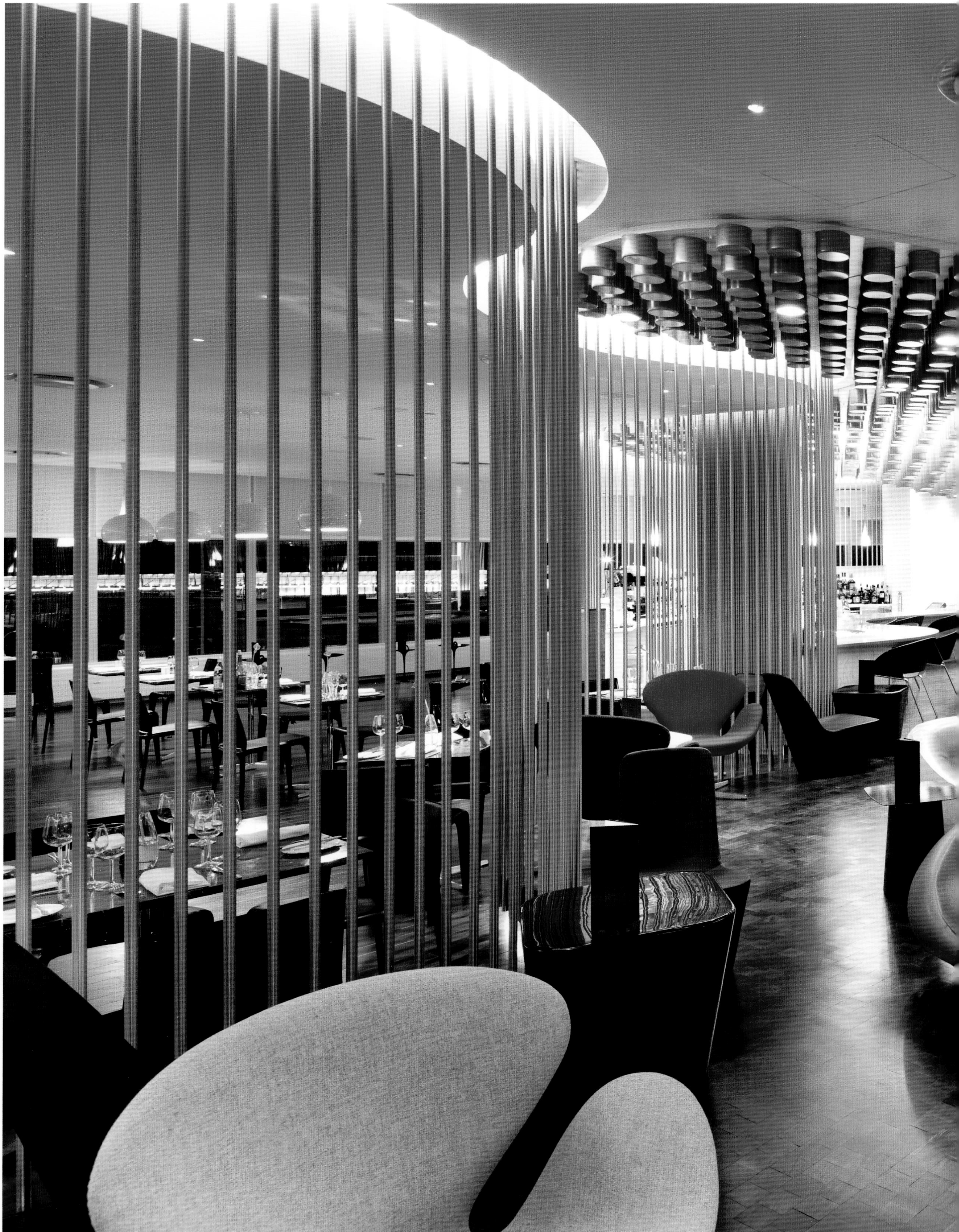

会
所

材料运用

设计师采用规模较小的设计元素，强化设计主题"住宅区"，营造曼哈顿的感觉。设计采用两种定制壁纸，远远望去，壁纸上的纹理图案吸引着过往旅客的眼球。走近一看，才发现这是纽约州的标志：克莱斯勒大厦、帝国大厦、热狗车。地板以深色的巴西胡桃木铺就，Panelite高分子聚合板用作商务区域的隔断。

以中密度纤维板为原材料、运用最新尖端技术设计和组装的建筑结构给人的印象十分深刻。在柔和的光线下，各个区域的颜色会因光线角度而发生微妙的变化。浴室铺设白色瓷砖，装点着大型的纽约市地标黑白桑伯恩地图。整个空间充满了浓浓的曼哈顿感觉。

古典英伦风情
广州银城红酒会所

项目地点：广东广州	主要材料：玻璃菱镜、实木、皮革、红铜
项目面积：330平方米	供　稿：集美W组
设计单位：集美W组	采　编：罗曼

项目有别于主流娱乐场所追求感官刺激的路线，而向高品位化、理性化的方向发展。既借鉴传统英式酒吧的成熟内敛的风格，又塑造出多变的空间个性以满足客人的不同需求。除了在装饰上使用诸多具有英伦风情的仿古材质，最具风格的是其灯光设计，根据不同的场景营造不同的灯光氛围，带给顾客如梦似幻般的多重体验。

品牌定位： 该会所位于广州番禺区市桥嘉立思酒店左侧，临近海伦堡等高尚住宅区。这样的地理位置决定了它的定位为中高端。其所针对的客户群为白领、企业高管和中小企业中的精英人士，年龄段锁定在中高龄阶层。设计师据此将会所的装饰定位为低调、奢华、成熟，而与之相对应的风格为古典英式。

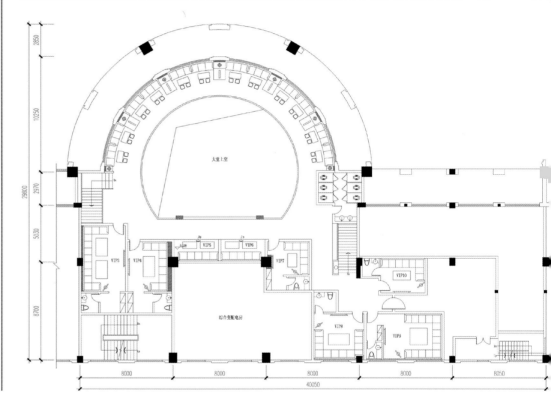

空间布局

设计师针对基地平面呈半圆状、向心力很强的特点，在空间的视觉中心点设置了一个两层高的形象墙，并且在它前面设置DJ台与表演舞台，使之成为全场的焦点。此外，原空间有6米多高，作为演艺场所因为太高大而缺乏互动性与亲和力，所以设计师除保留中心地带的开敞外，其余四面都加建起阁楼，不仅加强演员与观众的联系，也大大增加了营业面积。

古典英式装饰

会所内部采用精致细腻的实木栏杆、优雅华贵的仿古路灯、风格独特的英式电话亭，处处洋溢着浓厚的英伦风情。周边的墙上挂满了大小不一的世界名画印刷品，每幅都经过精挑细选，安静地向客人讲述着它们各自的历史与故事。

酒吧两层高的主墙立面以木线分割为大小不一的方格，分别镶嵌茶灰镜和LED屏幕，茶灰镜与柔和的光线把大厅怀旧景象过滤成一幅幅鲜活的古典风情画；同时与周边立面上的主题绘画形成一动一静、一虚一实的呼应，进一步加强空间的趣味性和文化品位；而几个LED屏幕则添加了时尚元素，透过热闹的酒吧凝视背景墙上的倒影，给人感觉恍然若梦。

灯光设计

  设计师针对不同时段的经营需求提炼出几个性格迥异的空间场景：前半夜，在轻柔的音乐中灯光柔和而清晰，在满足照明需求的同时营造出优雅而略带神秘的氛围；暮色渐浓时，音乐的节奏渐强，光影变幻随之慢慢加快，四周的环境光渐暗，中心的舞台灯光成为了视觉焦点，在贯通两层的大型LED背景墙前面，动人的歌舞表演华丽登场；下半夜的音乐带动着整个会所的灯光忽明忽暗，变幻无方，整个空间在灯光与音乐的带动下变得虚幻而醉人。

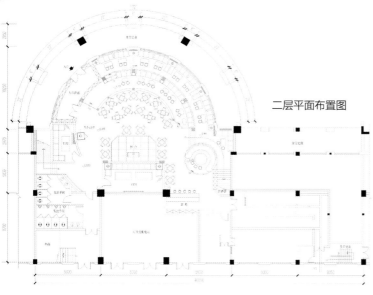

二层平面布置图

法式小资情调
广州凯旋门国际会所

项目地点：广东广州
项目面积：2 500平方米
设计单位：HONGKONG H.D INTERIOR DESIGN CO.,Ltd
主要材料：欧亚木纹石、进口马赛克剪画、进口仿皮、
　　　　　布艺布包、玻璃、镜、不锈钢、墙纸

供　稿：HONGKONG H.D INTERIOR DESIGN CO.,Ltd
摄　影：HONGKONG H.D INTERIOR DESIGN CO.,Ltd
采　编：张兰

项目整体的色彩运用比较素雅、明快，主体基调以米色为主，配以亮黑、浅灰墙加上对比，加上运用精致的软装配饰、简约优雅的材质、亮色的灯光，使整体空间呈现出一种法式的小资情调，优雅而奢华。

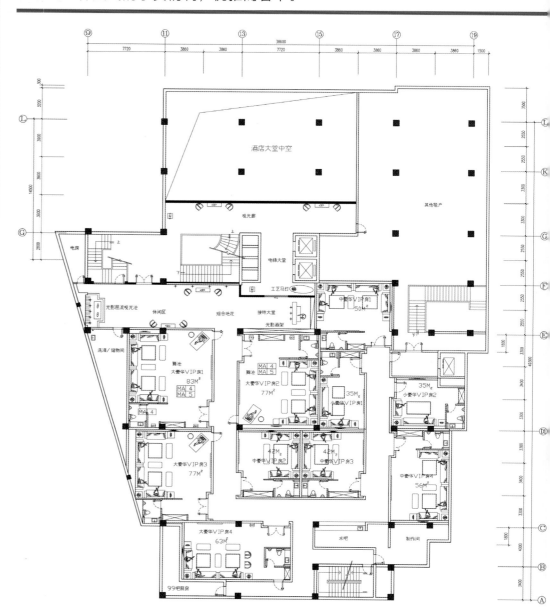

品牌定位：项目是一家集专业保健、足疗、洗浴、汗蒸、棋牌、简餐、商务、娱乐为一体的标准名休闲娱乐会所，为成功人士精心打造一种尊贵、典雅、品位、和谐、新概念的会馆休闲生活。

优雅氛围

　　项目位于广东广州，设计希望营造出一种优雅、尊贵、奢华的娱乐空间。整体的色彩运用比较素雅、明快，主体基调以米色为主，配以亮黑、浅灰增加对比，加以水晶钻饰拼花图案来增加细节，体现低调优雅的品位。整个项目设计中，每一个空间都先赋予主体，再进行搭配。从家具到装修，再到软装的细致搭配，让整个空间氛围形成优雅的奢华，让法式的小资情调充满每个空间，体现内敛的奢华精细之美。

材质搭配

在材质搭配上，摒弃昂贵的装饰材料，金碧辉煌的浮夸装饰风格，完全摆脱财大气粗的感觉，为娱乐空间"奢华"二字作出了全新的定义。黑、白、灰相间的云石，亮白的钢琴漆、丝质的布料共同诉说一份优雅的经典。水晶珠帘灯饰、水晶银器和镜面饰品的大量运用，把原本不大的空间折射得更加宽阔明亮。灯光方面均用色明亮，表达出古典婉约的气质。点光源与水晶装饰灯的搭配，令空间柔和却却重点突出。随处可见的花艺，色彩鲜艳，丰富了空间的视觉感官。

海派复古风
杭州万科公望主会所

项目地点：浙江杭州	**供　稿**：杭州良品室内装饰设计有限公司
项目面积：5 000平方米	**摄　影**：林德建
设计单位：杭州良品室内装饰设计有限公司	**采　编**：陈惠慧
主要材料：石材、木饰面、铜艺、墙纸、硬包、实木地板	

项目采用具有古典意味的弧度吊顶、蓝色木饰面，展现了一丝丝海派风情。灯光和色彩对比运用，有效地体现了空间感，以白色、深木色、石材铺垫于整体空间。变换"铜"之各种形式，无处不在地巧妙穿插于空间，是项目的点睛之笔。

品牌定位： 公望主会所地处富春江畔群山环绕的"万科公望"别墅群中，可尽收自然风光、别墅群内人文景观于一体。考虑同建筑群风格保持一致，以新古典风格呈现于业主。功能定位为娱乐、休闲、会客、宴请于一体的多功能半开放式会所，悉数囊括山景客房、西餐厅、便利店等高级酒店式功能配套。

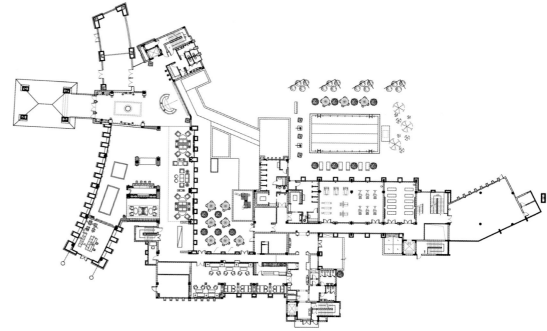

布局

项目位于浙江杭州富春江畔，共分为三层与地下室：一层包括沙盘区、影视区、咖啡厅、健身区、瑜伽房、户外休息区、游泳池；二层又分中式餐厅、会议室；三层为红酒廊、客房部、棋牌室。地下室设有台球室、乒乓球室。

一层大厅以海派风格设计，开阔的室内游泳池，拱形落地窗，借景于自然风光，犹如置身室外，咖啡厅提供斯诺克、桌上足球等娱乐设施；书吧阅览室特有的环绕型书架，满足功能的同时，平添几许趣味；户外平台用餐区，提供烧烤、家庭聚餐的同时，可远眺富春河畔自然风景，欢笑之中营造出人与自然对话的惬意场景。

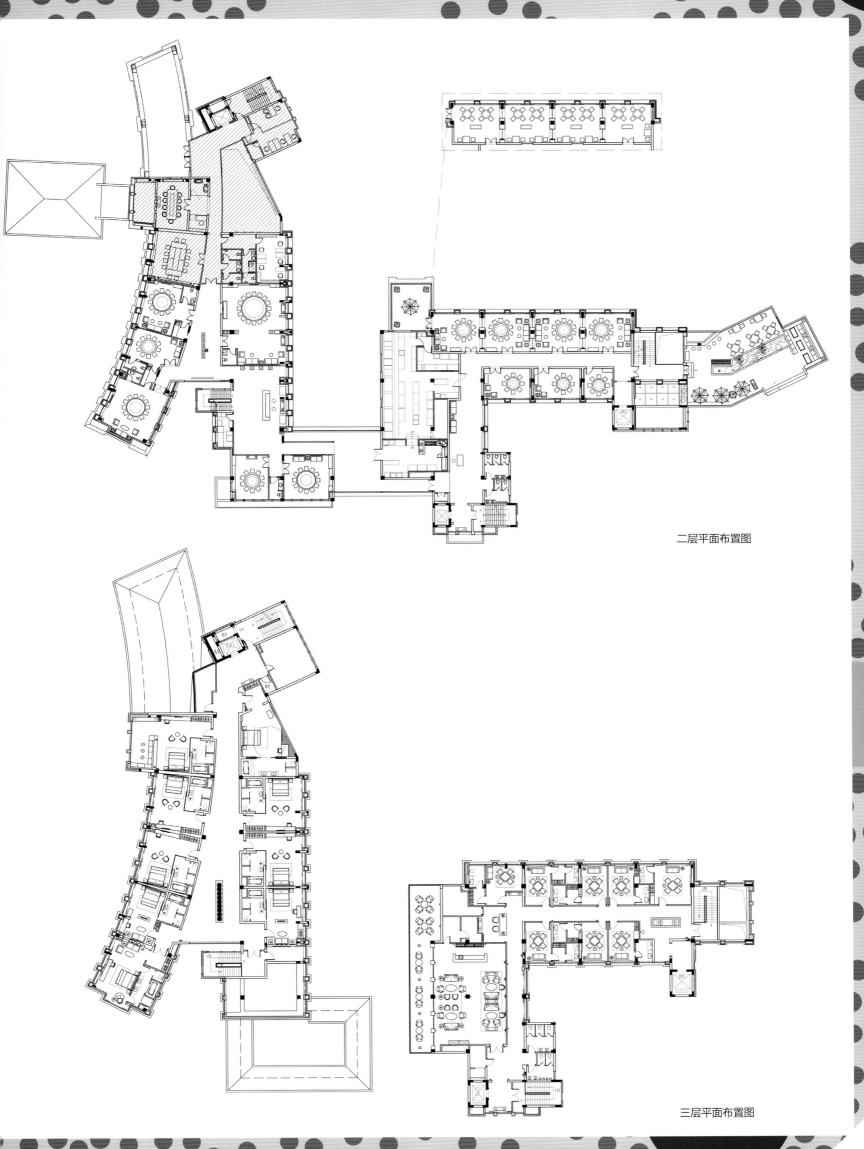

二层平面布置图

三层平面布置图

8308

海派风情

项目采用弧度吊顶、蓝色木饰面贯穿始终，在视觉上更多了一种垂直延展的趣味性，也勾勒出一丝复古的海派风情。整体勾勒和细节描绘皆烘托出明确的项目主题，灯光和色彩的明暗对比有效地体现私密空间感，二者的结合恰如其分地达到了空间应有的效果。

淡雅中式

设计师跳脱传统风格中庄重、严肃的气氛，试图透过现代简洁线条营造与户外自然景观相得益彰的壮阔静美。以白色、深木色石材铺垫于整体空间，张弛有度间透出中式淡雅的人文气息。项目的画龙点睛之处，在于变换"铜"之各种形式，无处不在地巧妙穿插于空间，让尊贵成为主线。

韵味新中式
巩义渝富桥商务会所

项目地点： 河南巩义
项目面积： 2 128.5平方米
设计单位： 河南鼎合建筑装饰设计工程有限公司
主要材料： 红橡木、绿可木、壁纸、乳胶漆、仿古砖、
木纹砖、木纹石、深啡网纹石材、
浅啡网纹石材、黑金砂石材、灰麻石材等

供　稿： 河南鼎合建筑装饰设计工程有限公司
摄　影： 孙华锋
采　编： 陈惠慧

品牌定位： 渝富桥商务会所是集足疗、保健、进口红酒、茶艺为一体的综合性高档养生会所，它所面对的消费群主要是中端阶层。会所崇尚以人为本，健康至上，至诚服务，希望营造一个健康、和谐、养生的生活境界。设计结合品牌的服务项目，定义为"现代、简约的中式风格"。

作为一个商务会所，项目整体风格现代、简约，细节处融入了大量的中式元素。材质的朴素典雅、大面积的留白、仿古家具的使用、不同氛围光线的投射，共同构建一个富于中式韵味的休闲空间。

二层平面布置图

空间布局

项目位于巩义市新区，会所的成立与该区的经济发展、地理环境相适应。

整个会所一共三层。一层主要是茶文化为主题的茶楼和专业经营进口红酒的酒庄，茶香和葡萄酒香浸润出会所独特的中西结合的文化氛围。设计师在这个区域的设计重点，主要是打造一个安详恬静的舒适区。二、三层主要是集足疗保健、泰式按摩、中华养生为一体的健康养生一条龙服务体系，倡导在传统技术的基础之上不断创新和探索，空间以尊享生活为布局原则。

现代中式风格

整个会所以抽丝剥茧的设计手法，提炼出最精简的中式元素，结合现代装饰设计手法，营造一个充满韵味的中式空间。项目所使用的材料如红橡木、绿可木、仿古砖等简单朴实，为项目节省成本的同时，也营造了一个素雅的意境。设计师在空间使用多种的对比和大面积的留白，让空间看起来更显利落、明亮。

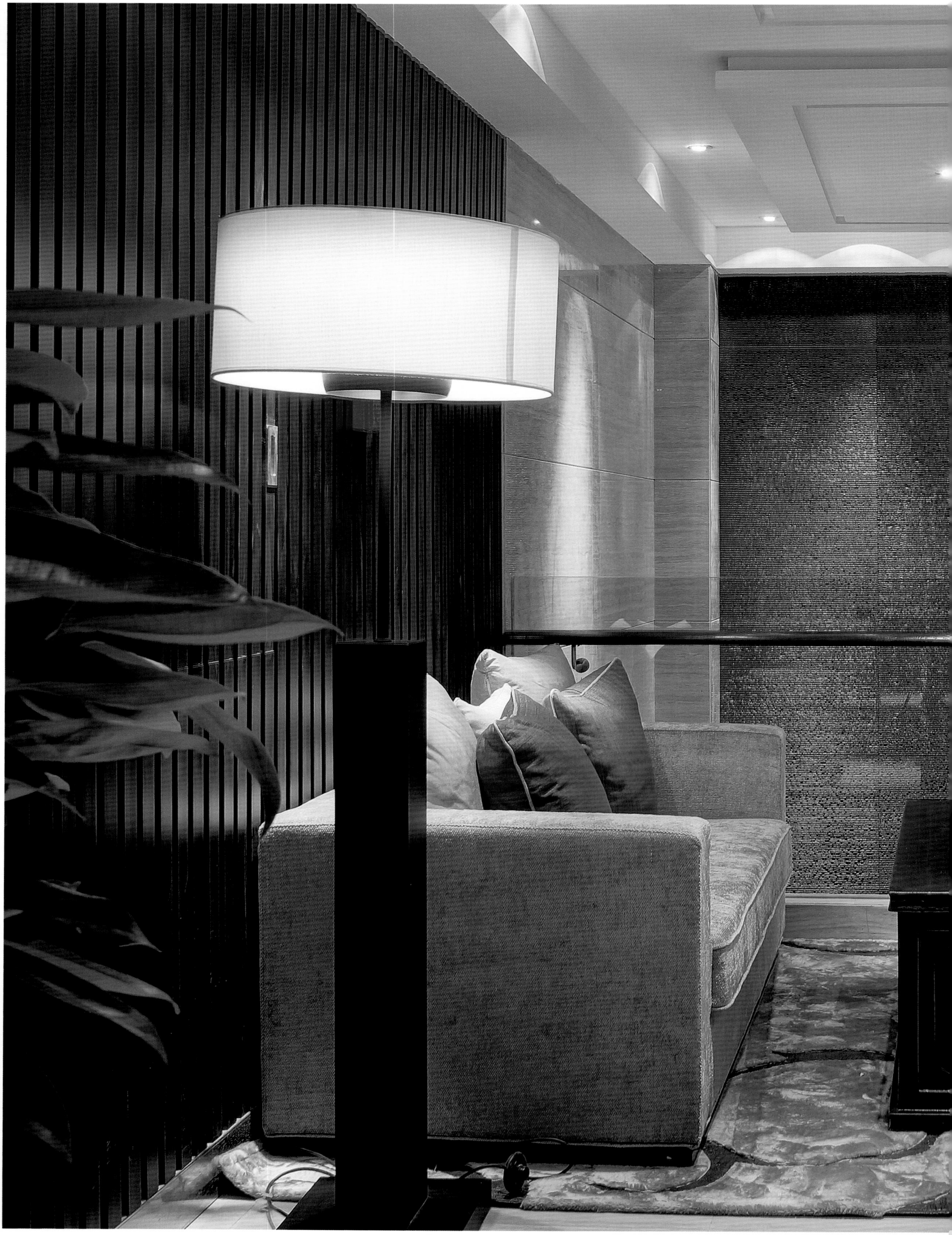

品牌定位： 项目所在的小区是由南京鸿信地产精心打造的全精装庭院独栋别墅区，它们主要采用的是北美风格，追求手工精神和独特性。会所的建造也秉承这一原则，用尊贵和精细的设计给都市人一个心灵栖息之所。云深处的名字与项目周边绝佳的生态景观相呼应。

栖梦之地
南京云深处会所

项目地点：江苏南京	主要材料：水晶吊灯、大理石、玻璃
项目面积：2 699平方米	供　稿：PLD刘波设计顾问有限公司
设计单位：PLD刘波设计顾问有限公司	采　编：陈惠慧

会所给人以华丽而明快的空间感、温暖而轻盈的存在感、轻松而优雅的戏剧感。这些丰富的感知来自于天然而有质感的材质、大气统一的装饰风格以及开阔且具有层次感的布局。它们与周边的山水景观和谐统一，借山水之色成就会所的从容丽质。

风格布局

    项目位于南京市郊横山水库南侧，交通便利，群山环绕，宁静幽雅。会所的建造也映衬着整个别墅的大环境，外观是欧美传统建筑立面造型，略带现代感的坡屋顶样式。内部分为地上一层、地下一层，设有售楼大厅、商务酒廊、便利店，标高层设有咖啡吧、游泳池、更衣室、淋浴间、健身房等休闲空间。

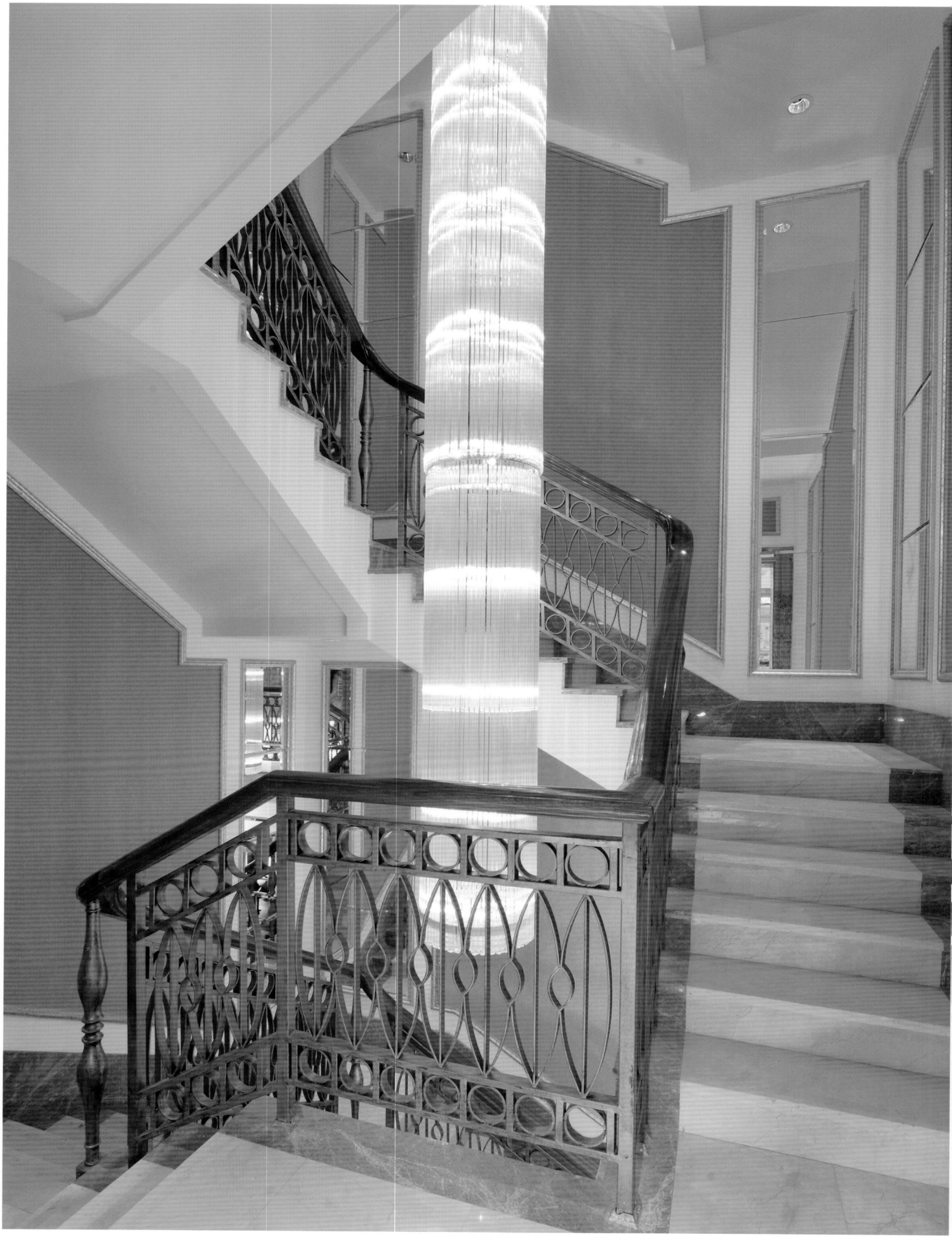

典雅装饰

　　整个会所主要以极具纹理和质感的天然石材作主要材料，以金黄色作主色调，配以白色、黑色再加上软装的红、绿、蓝等色块穿插贯穿于其中，高贵华丽中不带俗气。售楼大厅中庭，坡形的天花吊顶配以典雅的水晶吊灯衬托出空间的奢华大气。大厅中大量使用的石材柱子，是结构也是装饰，为开阔空间带来气势与层次感，统一和延续了整个会所的设计风格。

　　墙壁镜面的装饰能使空间显得不压抑，而嵌于镜面中间的大幅抽象油画，色彩清新明快，让空间添了几分庄重中的灵动。有着欧式线条门框的是洽谈区域和商务酒廊，黑色大理石装饰壁炉、中心是圆形的酒吧台，整体的暖色调带来尊贵品质的同时，也令顾客可以在此尽情的放松心情。

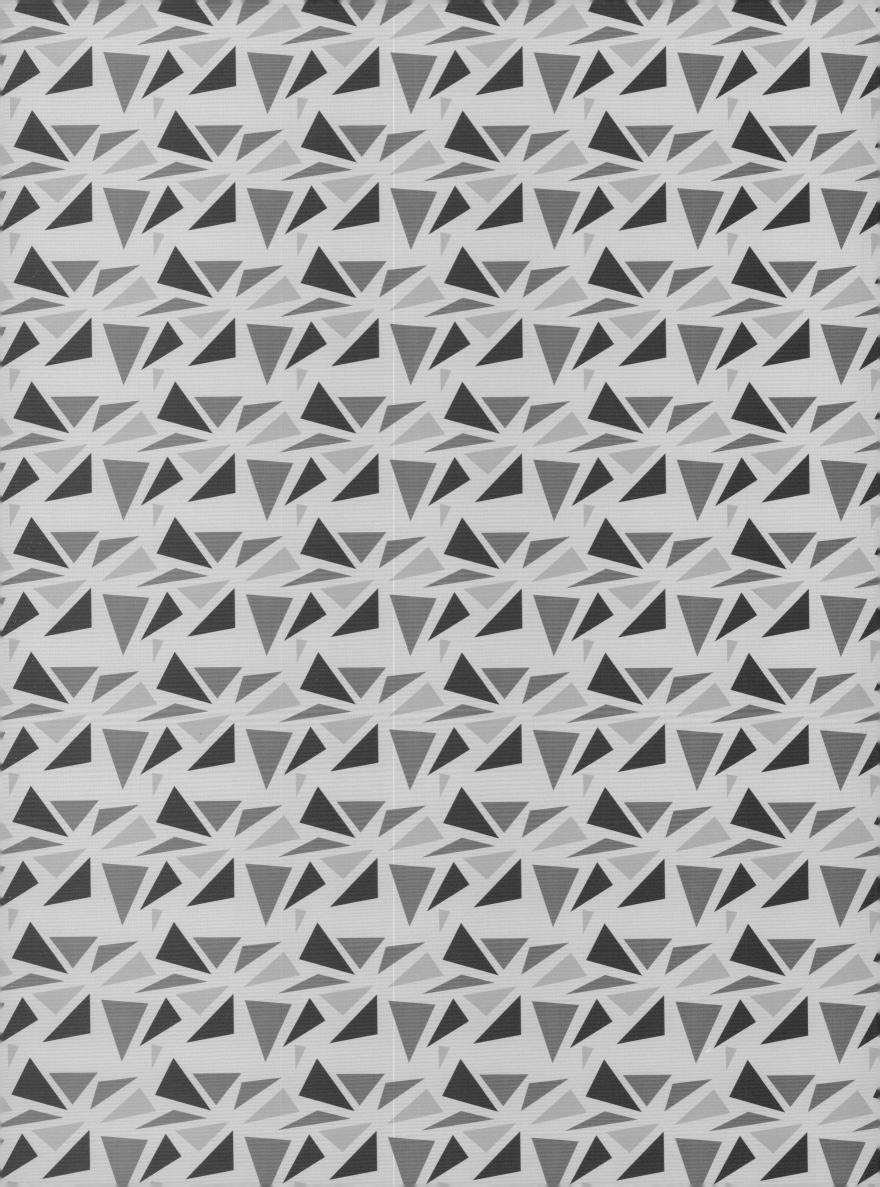

售楼部
情境体验

　　售楼处作为楼盘形象展示的主要场所，不仅仅是接待、洽谈业务的地方，还是现场广告宣传的主要工具，通常也是实际的交易地点。因此，作为直接影响客户第一视觉印象的售楼处设计，一定要形象突出，体现楼盘特色，同时能激发客户的良好心理感受，增强购买欲望。

　　现在，越来越多的售楼处倾向于提供给顾客以情境体验，让他们可以更加清晰地了解自己的未来家园。从这一角度出发，售楼处的设计风格首先应该与整个楼盘的风格、定位相吻合。同时，注意内部功能分区合理、动线组织流畅，其中的重点区域如展示区，不仅要在造型、材质、摆设等方面强调简洁和大气，还需要借助灯光组合和色彩等设计元素，合理布局空间，为客户提供极具煽动力的体验性场景。

东方格调
桂林花样年花样城售楼处

项目地点：广西桂林	主要材料：石材、竹木和皮革等
项目面积：1 769平方米	供　稿：深圳市昊泽空间设计有限公司n
设计单位：深圳市昊泽空间设计有限公司	摄　影：江河
设计师：韩松	采　编：陈惠慧

项目针对客户消费行为对心理品质的要求，着重加强空间视觉的尊贵感和仪式感。整个空间营造的是一种现代东方的氛围，除了主要的几种奢华材质，一些具有东方元素的软装饰品，如半透明玻璃屏风、鱼形水晶吊灯等，加上沉稳的棕色主调，为空间赋予内敛的尊贵气息。

品牌定位： 售楼处所对应的楼盘项目是集五星级酒店、购物中心、写字楼、住宅公寓等于一体的大型商业综合体，具有较宽的目标客户群跨度。为了提升客户消费行为的心理品质感，设计师在区间轴线的对称关系和空间序列的层次感上做足文章，增强了空间视觉的尊贵感和仪式感。

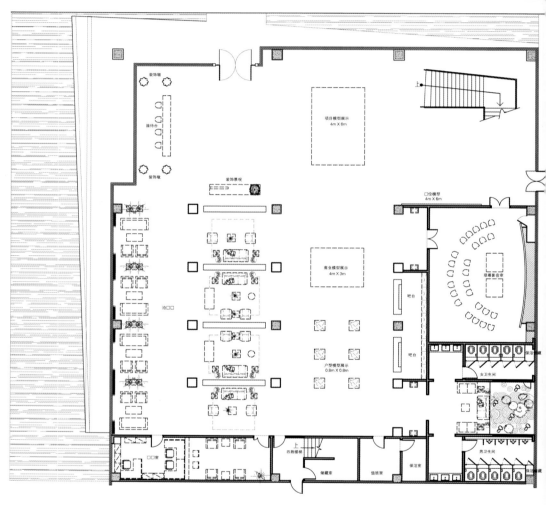

现代东方氛围

整个售楼中心分为两层，一层包括了接待处、模型展示区、影音室、半开放的洽谈空间等。整体空间开阔大气，主色调以沉稳的棕色为主，内敛中透着奢华。

进入售楼中心迎面映入眼帘的是一面印有窗花纹样的半透明玻璃屏风，前面是一组装饰景观，屏风映衬着绯红的桃花树，弥漫着浓郁的东方气息，高雅端庄的意境；头顶是鱼形的水晶吊灯、为空间增添了品质感；大堂左手边是大型的项目展示模型，向前还设有本楼盘项目的商业模型展示、各个户型的模型，让购房的顾客可以一目了然，同时旁边还用玻璃屏风做隔断隔成了多个半开放的洽谈空间，采用人性化的贴心设计。

沿着大堂楼梯进入二层，二层则主要包括了会议室、VIP室等，简洁的设计线条、搭配上东方元素的软装饰品，诠释的是一个现代的东方氛围，舒适中带着尊贵的品质。

奢华材质

    项目使用的主要材质有石材、竹木和皮革,石材为整个空间带来沉稳气质,各种石质的纹理在灯光的映照下为空间带来不同的质感;竹木则为空间增添了天然清雅的气息;皮革的复古奢华完美诠释了空间的尊贵品质。

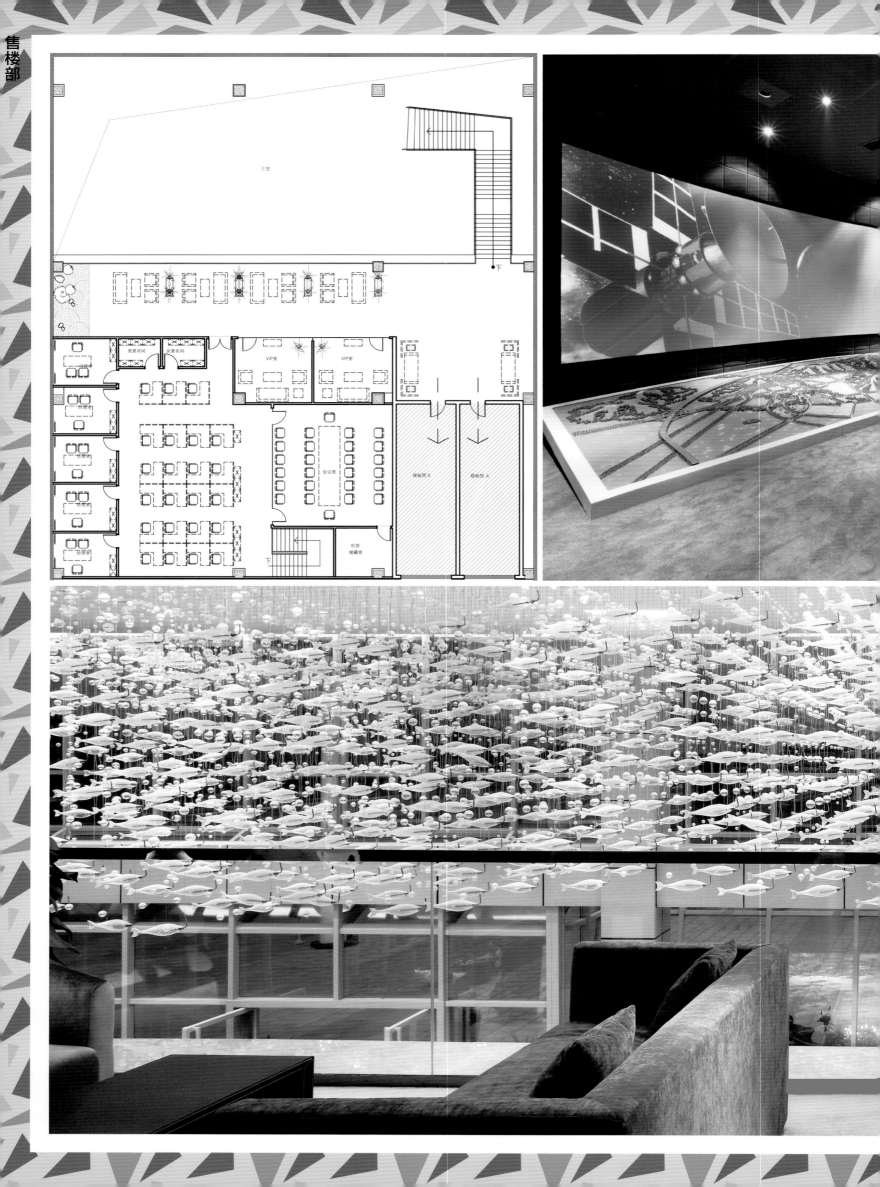

动线空间
上海华屋馆

项目地点： 上海古北新区	**供　稿：** TBDC台北基础设计中心
项目面积： 2 640平方米	**摄　影：** 王基守
设计单位： TBDC台北基础设计中心	**采　编：** 谢雪婷
主要材料： 黑云石大理石、金锋石大理石、实木喷漆、金属喷漆、黑镜	

项目从空间开始定位，藉由材料、家具、空间线条以及音乐结合动线等，打破传统中介公司的制式规格，以崭新的面貌出发，将房地产信息结合多媒体，成就复合式的多元空间，为购房者带来品味与质感的体验。

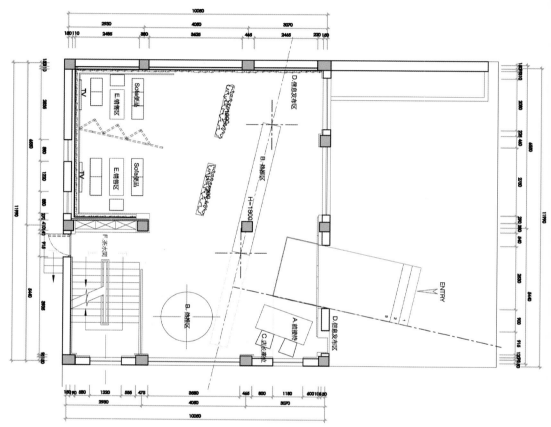

品牌定位： 项目是位于上海豪宅区的房产中介公司，也是全国首家定位于高端不动产尊贵服务、以全方位的服务成为房仲业的先驱，除了提供良好的居住环境，最重要的是教导购屋者如何真正的享受生活、品味人生。设计希望透过此空间，融入情境与生活方式，让购房者直接地感受未来的居家质感。

三层动线区

　　项目位于上海古北新区，共有三层空间。入内来到大厅处，开门见山地点出豪宅风范。沿着动线来到模型区，精致的圆弧型展示空间，自天花板延伸出白色帷幕罩着灯源，天地双圆呼应，巧妙地传递出圆满的凝聚意象。往前是较为私密的洽谈区，也是购房者会停留最久的区域，因此设计师将空间释放出最宽敞的视觉效果，在不影响建筑结构的情况下，窗户的垂直与水平皆延伸极致，尽可能将光线揽入室内，充足的采光与温润的木地板交织出温暖的调性，让参观者在洽谈的同时，能获得如在自家中的舒适感。

元素搭配

设计以混搭的技巧让空间释放出大器却不冰冷、温馨却不流于俗的空间视感。墙面以大理石的奢华质感中和木地板温度，延伸至天花板，取而代之的切割黑镜让楼层高度显得挑高富丽，配以时尚简约的家具，在转为平静悠缓的自然音乐下，细细地品味优雅的美学生活。

群"山"印象
重庆山与城销售中心

项目地点：重庆南山	供　稿：壹正企划有限公司
项目面积：1 600平方米	摄　影：Ajax Law Ling Kit, Virginia Lung
设计单位：壹正企划有限公司	采　编：张兰
主要材料：卷帘、织物、镜子、玻璃、大理石、油漆、 塑料层压板、户外木制平台、不锈钢	

项目设计灵感来自南山区的地理背景，以"山"作为设计主题。三角形形态被大规模地应用在墙壁和地板上，把墙壁造成倾斜的形状，运用灰色大理石把地板拼凑出三角形图案，营造众山环抱的感觉，而挑高的天花装饰吊灯，则缓和了山城的刚硬气质。依"山"而建，"三"角形等带出"群山"的概念。

品牌定位：重庆山与城销售中心是复地山与城楼盘的售楼处，山与城是"复地"联袂"渝开发"出品，地处重庆南山，倚山而建、依城而立，拥有得天独厚的自然生态环境。整体规划为千亩低密度人文宅邸，坐拥城市核心生态环境资源，打造具备高端休闲娱乐度假功能的第一居所。

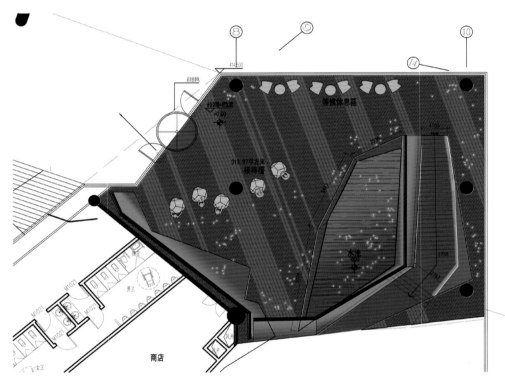

空间主题

　　项目位于重庆南山。设计师根据地形构想，室内空间以山岳幽谷构成。墙壁以布满灰色的三角及倾斜的线列组成，建造出一幅充满力量及动感的山势地形图，营造出不论室内室外，皆被众山环抱的感觉。石材地坪饰面沿用了墙壁间隔的图案式样，以不同角度作排列的石材组成大量不规则的三角形组合。

　　排列于大堂中央的棕色不锈钢制多边形造型柜台，型态各异，整齐有致，在灰色为主的室内环境中产生了点睛之效，带出了"群山"的概念，表现出重庆山城气势磅礴的一面。

　　为了让游人不被曲折的山洞石壁所吸引迷惑，楼梯通道的设计以长长的条状灯光贯通整条楼梯，消除阴暗中的沉闷感之余，也将几何风格串联至室内其它角落。

浪漫灯饰

　　室内挑高的天花提供了垂直空间，利用一串串LED吊灯表现出西南地区雨丝婆娑的诗意风景。灯雨又带来轻软柔和之感，不但缓和了建筑被群山环绕的刚强之感，也为人们的视线作了缓冲。往上细看，随程序闪烁的吊灯一如星雨下凡，恰似随串串星雨漫游于星汉之间，为空间增添了一丝丝浪漫与优雅。

优雅小资情调
杭州西溪MOHO售楼处

项目地点： 浙江杭州
项目面积： 210平方米
设计单位： 杭州意内雅建筑装饰设计有限公司

供　稿： 杭州意内雅建筑装饰设计有限公司
采　编： 方燕

整体空间采用了极简的双弧线设计，有效地规划出空间板块，同时使其融合在一起，创造一个立体而灵动的空间。空间色彩大面积采用纯净的白色，适当点缀LOGO的红色，智能感应投影幕、树灯和地灯的适量运用，增添了现代艺术咖啡馆的小资气氛。

品牌定位： 项目是西溪MOHO的展售中心，西溪MOHO，源于Multiple Office、Hotel and Home work（多样性的办公、酒店与SOHO综合体）。针对的是80后上下从事创意产业为主的时尚群体，未来将借助所处的区位优势，立足建设一个融合中小企业总部、研发中心、总裁行宫、办公SOHO、酒店以及多重配套商业为一体的湿地生态商务综合体，为省内中小企业转型升级搭建良好平台。

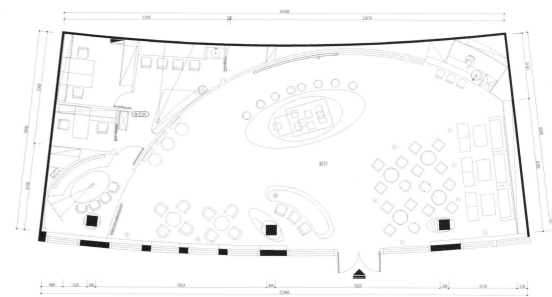

双弧线设计

项目位于浙江杭州，结合项目所在地的空间较为局促等几个方面综合考虑，没有刻意在小场景中创造大印象，整体空间采用了极简的双弧线设计，有效地割划了展示区以及内部办公区，模糊化了沙盘区、接洽区和多媒体展示区，以及自由水吧阅读区，使其融合在一起，创造一个立体而灵动的空间。

小资氛围

    设计力求跳脱令人紧张的房地产销售行业同质化的交易现场氛围，为创造一种自由轻松的氛围，更容易催化年轻群体的购房欲望，因此，设计师就把项目定位在纯粹、略带童真，甚至添加了几许现代艺术咖啡馆的气氛，以此做为切入点。空间色彩大面积采用纯净的白色，适当点缀LOGO红色，吻合该项目的视觉形象。智能感应投影幕的取巧设置，树灯和地灯有序陈列，营造一种优雅的小资生活氛围，也表达了MOHO品牌的内在含义：比你想象的更多。

创新"盒中盒"
新竹六艺售楼中心

项目地点：台湾新竹	供　　稿：仲向国际设计顾问有限公司
项目面积：660平方米	摄　　影：吴启民
设计单位：仲向国际设计顾问有限公司	采　　编：谢雪婷
主要材料：金属、铁网、玻璃、夹板	

本接待中心采用新颖的"盒中盒"设计，现代简约的风格，暖色系色调，配以创新的树影倒影图案、似珠宝盒的洗手台等细节贴心设计，利用现代化和科技化的手段，呈现出独特空间与视觉感受，获得见识广博的精英人士的肯定与赞赏，从而在接待中心的集中地脱颖而出。

品牌定位： 项目周边是样品房接待中心的主要集散地。项目利用现代化与科技化的高端设计手段，配合创新的设计理念，打造出多样化且个性化的接待中心。整体的空间较大，创新且符合环保节能的设计理念受到社会精英人士的肯定和青睐。

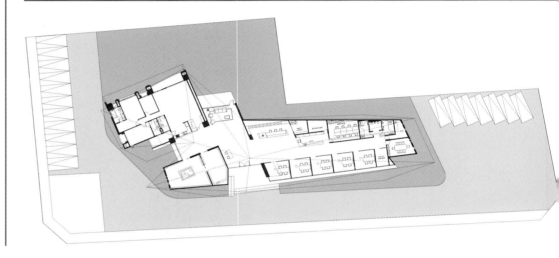

"盒中盒"概念

　　该接待中心位于台湾新竹市，近高铁特区、新竹科学园区、紧邻台科大新竹校区。因此设计理念的表达也倾向于科技现代的方式。建筑配置为两个纯粹的长方体堆砌形塑，地面层容纳所有的展示、销售及服务空间，并将主要展示空间配置于西侧，将这一黑色长方体置入光盒之中，藉由"盒中盒"有效防止西晒，实现节能设计。

简约布局

　　建筑上方体量配置样板房，下方体量是开放的接待空间，利落的框架系统呈现简约朴实感。接待空间整体色调以暖色系做延伸，简洁时尚。大门的入口有别于一般传统的设计，运用量体的堆栈及材料的变化与不规则的线条，充满简约时尚的气息。进门后的接待柜台背面是木皮实墙，更具质感。洽谈区域希望创造隐秘但不封闭的空间，隐约的光影让空间更富乐趣。

新颖设计

一层接待中心——上层序列的金属结构在虚实量体与景观元素之中，串起整体空间氛围。洽谈区在空间创造树影倒映的图案，与户外景观的植栽相互呼应。全木质感的女洗手间，搭配上珠宝盒般的洗手台，专为女性量身订做的空间。

二层样板房——客厅联接卧房的中介空间利用梁带延伸出置物墙，达到良好隐蔽性的同时拥有收纳的效果。少量核桃实木穿插其中，以几何的方式做体块交叠，维持柔和的视觉感受。

奢华流线
无锡保利达江湾城一期行销中心

项目地点： 江苏无锡
项目面积： 1 200平方米
设计单位： 梁景华设计顾问有限公司

主要材料： 天然木材、大理石、水晶灯、玻璃
供　稿： 梁景华设计顾问有限公司
采　编： 张兰

整个行销中心的设计，突出了人与自然的完美结合，独特的外观造型，高档的天然木材、大理石打造出如水月洞天一般的室内空间。设计师巧妙利用自然光线及人造灯光，营造豪华大气、时尚现代又不失自然气息的空间效果。

品牌定位： 保利达江湾城作为高档的现代居住社区，建筑风格简约而富于变化，其配套的行销中心也以现代奢华风格表现大气的气派，不仅呼应了整体的建筑风格，也有助于展现项目的都会魅力，制造优良的营销气氛。

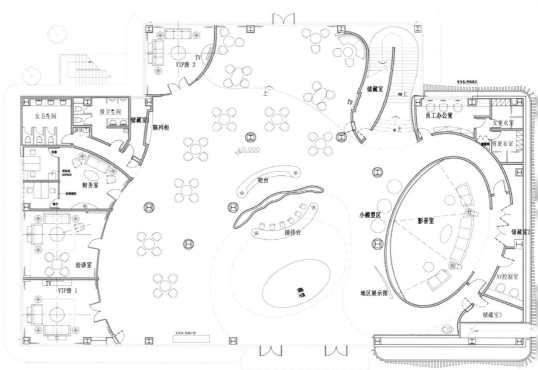

曲线外观

该营销中心的造型仿佛山间的流水，用木格栅搭建的曲线外观给人一种美感，有序的造型排列能够给人一种动感，具有时尚的冲击力。这种外观也反映在内部空间，带着外观带来的刺激，人们步入空间，伴随那些流畅的线条分布着的是大堂、洽谈区、贵宾室等区域。

大堂设计

入口大堂的闪耀亮点，是一个山型的十多米高的以天然木造的墙，由贵气的天然云石地板贯穿天花，加上椭圆形的漆面视像室和充满流线型的天花，在天窗透出的自然光源的映衬下，令整个营销中心充满大气。天、地、墙不同质感和材料的组合，让人流连忘返。

奢华装饰

在一幅如山的流线形墙身后面设有洽谈区，无论家俬、墙身及地面都用上高贵的材料，营造贵气的感觉。另外，贵宾室用的颜色如米金色，奢华显赫而隆重，配以闪烁的水晶灯，增添摄人气氛。射灯产生柔和的光线，加上螺旋式的楼梯，以坚固石材为踏板通往奢华的样板房，整体氛围对于顾客而言十分具有吸引力。

优雅线型
成都浣花香售楼部

项目地点：四川成都	米白洞石、直纹斑马木、瓷砖、镜面不锈钢、
项目面积：约720平方米	茶镜、地毯等
设计单位：多维设计事务所	**供　　稿：**多维设计事务所
主要材料：深咖网、浅咖网、莎安娜、白色人造石、	**采　　编：**田园

项目在利用建筑基础的大尺度优势的同时，实现了造型的简洁流畅。所使用的材料时尚典雅，尤其注重色彩的搭配，珠帘的运用体现了传统文化和当代设计的平衡，纹样的提炼演变兼具地域特质和国际风格。整体的空间设计大气优雅，有利地促进了楼盘的销售。

品牌定位：项目所在楼盘位于成都市市中心草堂片区，项目具有人文景观和自然景观的先天优势，所以整体定位高尚、典雅，造型简洁、大气。售楼部的投入使用，在氛围感上呼应了楼盘风格，给产品销售带来了直接的影响。

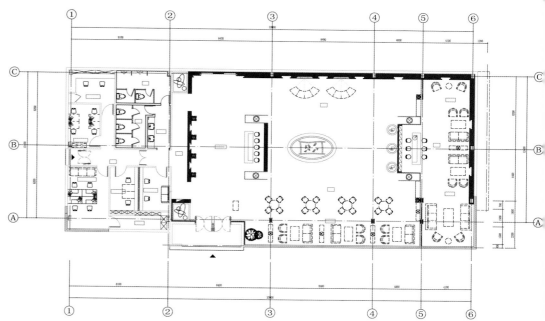

材质运用

　　材料选择上选用铝板、镜面不锈钢、钢板等现代感与工业感很强的材质，塑造精细化的空间质感。灯光布置上，采用泛光源、点光源和LED线光源相结合，天花T5灯槽纵横交错，造型来源于项目Logo，简洁明了、干脆利落。德国精工展示区域采用LED线光源，以透明亚克力为传送媒介。

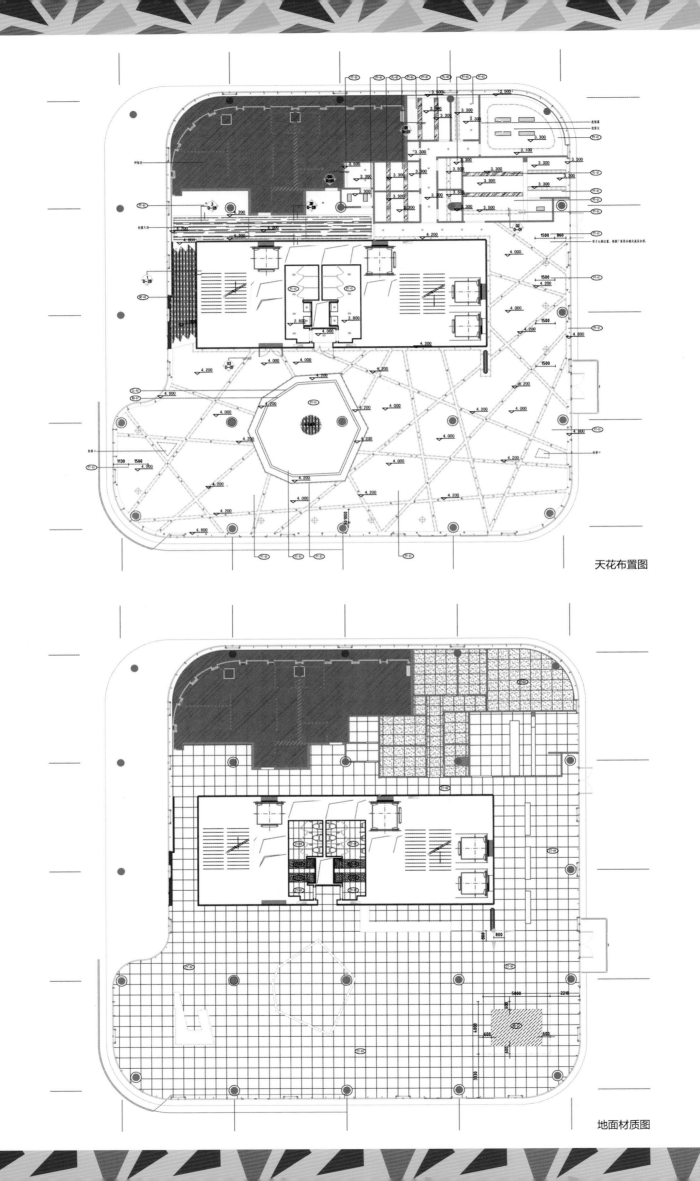

天花布置图

地面材质图

回味精品
成都大源国际中心售楼部

项目地点：四川成都	诺菲博尔板、人造石、黑洞石、银镜、仿木纹玻化砖、仿古亚光砖
项目面积：800平方米	
设计单位：多维设计事务所	**供　稿：**多维设计事务所
主要材料：花纹钢板、装饰铝板、不锈钢、木饰面、	**采　编：**田园、张培华

项目以"德国精工再发现"为理念，采用现代风格。外观应用"双层呼吸式幕墙"，打造全透明玻璃立面、形似玻璃盒子的建筑。Logo呼应建筑外形，以镀膜玻璃折面成异形的"钻石"盒子。内部空间以硬朗、现代感的设计，带给人们一个品质、坚实、精细的家居模板。

品牌定位： 项目是ICON大源国际中心的销售部，ICON大源国际中心拥有独立又依存的四种业态（超甲写字楼 / 世界鼎级酒店 / 德系精装公寓 / 独立商业），并且在成都唯一整体应用"双层呼吸式幕墙"，整体全透明玻璃立面等唯一与至高的建筑标准，获得国际知名绿色建筑认证体系"LEED"奖项。成为城南全新地标。

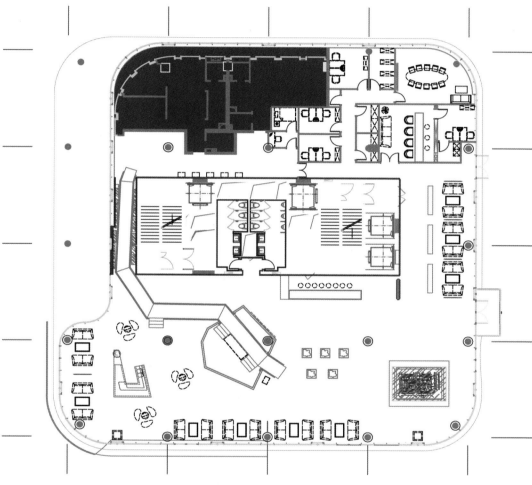

"德系精工"

　　项目位于四川成都大源CBD核心商务区，在设计上结合项目和目标客户群特征，定义项目为现代风格，理念定位为"德国精工再发现"。外观采用德国GMP"德系精工"建筑手笔，整体应用"双层呼吸式幕墙"，打造全透明玻璃立面，成为区域全新演绎以玻璃盒子为建筑载体的建筑。项目Logo通过无规则现代感线条的演变、镀膜玻璃折面成异形的"钻石"盒子。内部空间以德国精工品质的收藏品、硬朗现代感的家居等设计手法，呼应德国品质坚实的外表，同时打造具有理性化、个性化、可靠化、功能化的内在空间特征。

功能区域设计

　　功能区域划分采用虚实结合的手法，做到区域划分明确清晰，而又不失整体的连贯性。因建筑设计的局限性，室内空间较为封闭，自然采光面积较少，设计注重从材质搭配，结合灯光层次，着力营造令人愉悦的色调，同时也通过背景光、造型光、造型灯具、点位照明灯具等方式，使大尺度的空间，呈现出较为丰富的层次感。特别是作为重点展示区域的主沙盘区域，虽然沙盘和该空间体量比例悬殊，但仍做到了主题突出，具有较强的视觉张力和视觉饱满度。

装饰形式

　　设计师将浣花纹和流水的形体美经过设计提炼演变成地面拼花和墙面造型纹样，以art-deco形式组合，在色调上进行仔细的控制，使同一层次内色调呈现丰富细腻的变化。另外还使用了珠帘，它在空间中运用现代的语言诠释了中国传统文化与当代设计方式的一种有效平衡。

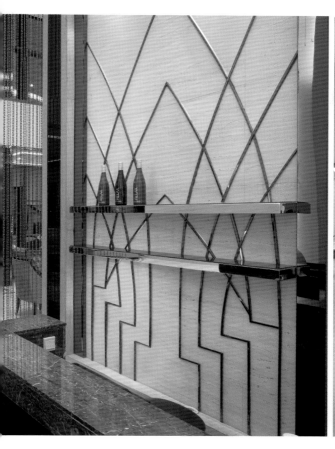

灵动波浪
天津万科东丽湖售楼处

品牌定位： 售楼处所属的项目是万科地产在天津建设的一个集居住、教育、旅游、休闲为一体的功能齐全的生态新市镇。注重生态环境和低密度建设是万科一贯坚持的产品特色。东丽湖区域属于天津自然生态保护区之首。本案的设计正是以此作出发点，营造了一个极具自然活力的空间。

项目地点： 天津	**供　稿：** KLID达观国际建筑室内设计事务所
项目面积： 1 800平方米	**采　编：** 方燕
设计单位： KLID达观国际建筑室内设计事务所	
主要材料： 橡木、波斯灰大理石、维也纳米黄大理石、布艺软包、茶镜、茶玻、压克力	

本案以"WAVE"为主题概念，以独特的波浪造型将空间的布局协调统一，在天花的部分也融入波浪的概念，创造一种灵动的美感。装饰和色调注重沉稳大气，试图塑造一个商务时尚与休闲生活共存的空间，极富表现力和感染力。

"WAVE" 概念

设计师站在东丽湖的湖边想起儿时的游戏"打水漂",一石激起千层浪,由这个引子提出了本案设计的主要概念——"WAVE"。这个空间原始的格局里都是不规则的柱位和管道井,以及不对称的墙面,显得十分混乱。设计师独具匠心的用一个"WAVE"造型串联起不同的空间和功能,包含了楼梯、影视厅、展示墙、吧台、洽谈桌、许多的柱子和管道井,令原本凌乱的空间变得协调统一。

在吊顶的部分采用了"一石激起千层浪"的想法,做出一圈圈波浪的感觉。顾客抬头仰望天花板时,会被那些在眼前铺展开的万千波浪带入一种内心舒缓而怀旧的回忆中。

装饰与造型

项目使用了大面积的大理石,不仅增强了空间感,也令身处其间的人视野更为开阔。靠墙的地方设计了几个包厢,这些空间造型独特又极具美感。包厢外形由两个小半方形构成,错落有致。包厢的装饰静谧优美,具有视觉美感的同时也具备了绝佳的私密性。

设计师用现代立体雕塑将吧台、洽谈桌和其他功能区分开来。雕塑是一个体态丰腴的侧坐的少女,这一细节,为空间带来轻快灵动,打破了原先的沉闷。

色调与家具

　　整体色调采用黑白灰、土黄等色系，彰显沉稳与大气。在家具的选择上，设计师采用深色布艺坐垫构成的椅子，椅子颜色统一、造型简约，营造商务时尚与生活休闲共存的空间氛围。

新装饰艺术
嘉兴蓝光地产名仕公馆售楼处

项目地点：浙江嘉兴
项目面积：1 300平方米
设计单位：深圳市昊泽空间设计有限公司
设 计 师：韩松

主要材料：太阳冰花大理石、意大利铂金大理石、
竹木饰面板、铁艺
供 稿：深圳市昊泽空间设计有限公司
摄 影：江河摄影
采 编：陈惠慧

怀旧是本案设计师埋藏的暗线，向发源于法国、兴盛于上世纪20年代美国的Art
Deco艺术致敬。本案空间设计延续其建筑外观的Art Deco风格，并结合所处江南
水乡的地域元素，通过色彩、灯光、装饰等，营造出尊贵高雅又不失清新自然的空
间氛围。

品牌定位：蓝光名仕公馆，是蓝光地产
嘉兴首席作品。地处国际商业区与秀洲
高端住宅区交汇处，项目由邻水公寓、
平层官邸和迷你蓝钻别墅三部分组成，
承袭千里运河的历史文脉，人文底蕴、
地理位置得天独厚，各种配套齐全成
熟。项目是蓝光名仕公馆的售楼处，沿
袭了名仕公馆优雅挺拔的Art Deco建筑
设计与高标准的精装修。

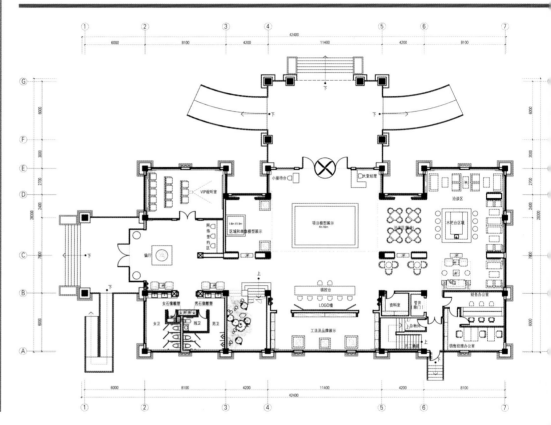

Art Deco语言

项目位于浙江嘉兴，整个售楼中心共分为两层，一层包括楼盘展示区、接待区以及洽谈区，二层则设有休闲室、活动室及健身室等。设计师希望从外到内做一个Art Deco风格的延续，让整体感觉更纯粹一些。首先完成整个空间的序列，一层层的格栅墙、层层叠叠的装饰，让空间显得古朴而尊贵。细节处以Art Deco语言进行点缀与润色，这些点缀并不是刻意的，而是不经意间完成，手法流畅自然。如接待台顶上用稻草装饰的灯具，带给人朴实亲切的感觉。

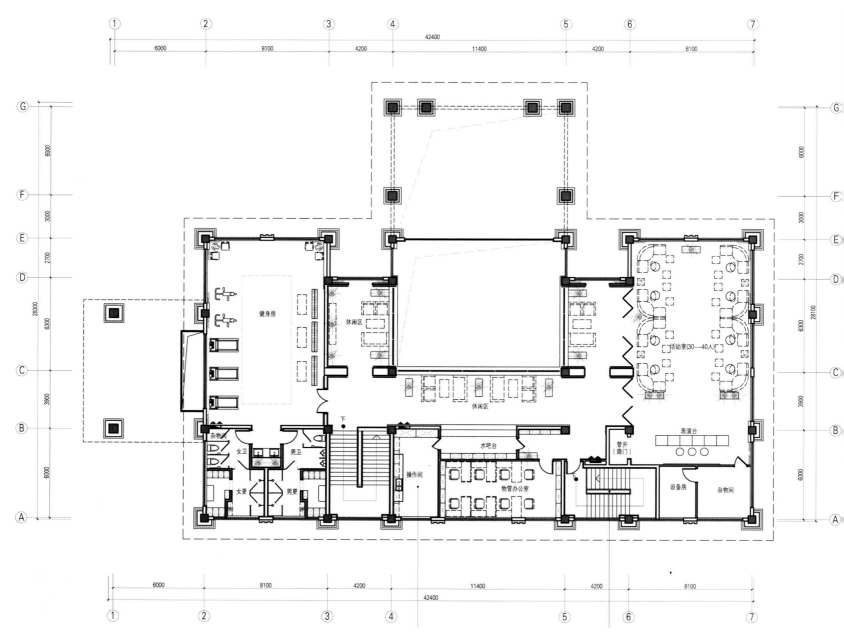

健身房

休闲区

活动室(30--40人)

休闲区

表演台

杂物间

女卫 男卫

下

水吧台

管井
(隐门)

女更 男更

操作间

物管办公室

设备房 杂物间

元素搭配

　　结合项目所处的江南水乡地域特色，运用了大量的木质元素，如休闲区里的木梁天花，在空间顶部进行了结构化设计，形成独特的结构美。洽谈区墙上挂着随意泼洒的水墨装饰画，看似随性却不失艺术感；搭配充满现代气息的黑白斑马纹地毯与设计简约的家居，营造出休闲轻松的洽谈氛围。特别定制设计的铁艺烛台体现古今、中西的情感交融。而铁艺象棋装饰与经典款铜管灯遥相呼应，营造出温馨富有情趣的气氛；格栅的花纹线条与灯具都是专门定做的，黑色线条在空间中穿插，搭配褐灰色的石材、酱色的木质地板，使整个空间在淡淡的褐灰色调子中，散发着江南烟月朦胧的忧伤气质。

品味新古典

青岛中海紫御观邸售楼中心

项目地点： 山东青岛　　　　　　　　　供　稿：刘伟婷设计师有限公司
项目面积： 715平方米　　　　　　　　采　编：陈惠慧
设计单位： 刘伟婷设计师有限公司

设计师将带有厚重历史和人文风度的设计风格融入项目中，以现代设计和以人为本的手法配合哥德式建筑风格打造，项目空间处处尽显典雅非凡的中世纪欧洲文艺气质，提升了建筑品味的同时，对顾客的精神格调同样是一种升华。

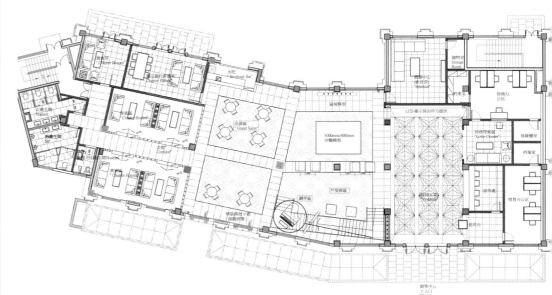

品牌定位： 项目是青岛中海紫御观邸的销售中心，中海紫御观邸是中海地产32年精心打造的豪宅之作，是中海地产2011年度旗舰项目，属于中海的城市巅峰系作品系列。中海地产选择了青岛CBD门户位置，并精心雕琢出紫御观邸这样一个堪称CBD地标的豪华大宅。具有很多其他的楼盘无法复刻的卓越亮点，也给青岛高端客户带来了一种全新的生活模式。

三大区域

　　项目位于山东青岛市，整体分为接待大堂、展示区、贵宾区三大部分。接待大堂正厅两侧，左右和中央成双的小柱由顶至底作支撑，月柱米黄作主调，营造出庄严高贵的气氛，在梁柱顶端饰上大型透光花状装饰，一起突显大堂的美态、加强了层次感。展示区设置大型展示模型和LED展示屏，将楼宇项目以清楚有条理的手法表达。贵宾室创造了一个摩登和古典设计一体化的典范。

哥德式风格

　　项目以哥德式风格为蓝本，采用具有欧洲风情的高端材料，将现代设计与古典设计相结合，达到建筑、设计以及工艺技术的相融合。

　　古铜片和灰色进口石材构造出平衡力量的感觉，又以云影木作中和。楼梯采用桐架和玻璃作主要建材，在两层楼高的大教堂式玻璃窗前，显得时尚又流畅，阳光可以穿透楼梯玻璃，空间感倍增。楼梯下微升起的地台内有嵌灯散射光芒，与灰黑色云石墙相协调。古典的木雕花柱子流露细致的工艺。每一块地板的纹理都不一样，连接在一起便合出独一无二的图案。可透光的横纹玻璃饰上古桐框，古典线条的乳白沙发，与室内的艺术品形成一气。墙壁配上稳重的饰边，古典的摆设配上摩登的建材，浓淡有致与自然清丽的两排花槽，互相协调营造出宁静而高贵的空间，为客户营造和谐的商务洽谈环境。

心灵驻地
台北敦南枢苑

项目地点：台湾台北	供　稿：齐物设计事业有限公司
项目面积：474平方米	摄　影：卢震宇
设计单位：齐物设计事业有限公司	采　编：谢雪婷
主要材料：卡拉拉白大理石、银白龙大理石、橡木、编织木纹板染色、玫瑰金不锈钢、线板、人造鳄鱼皮革、壁布、地毯	

项目主要通过多层次的空间布局和优雅的现代装饰，表现其高端、豪华、现代、时尚的主题。空间形态主要以"高级私人招待所"结合"精致型售楼处"为概念，整体的装饰大气、优雅、简明。空间的线条棱角分明，配合米黄、金、棕等暖色调，硬朗之余不乏灵动。相较于售楼处，它更像是一个沉淀心灵的休闲空间。

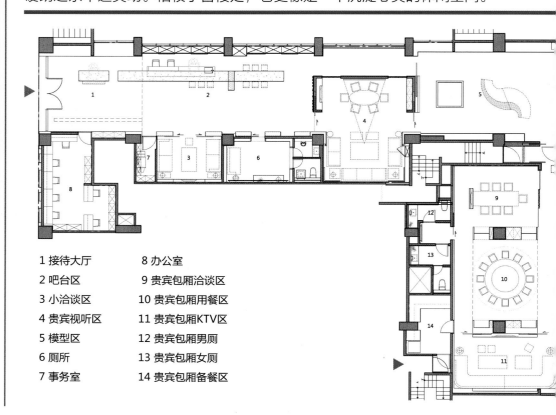

品牌定位： 本案为一豪宅之精致型售楼处，这处豪宅主要吸引金字塔顶端客层，因此在产品规划上花费了较多心力。售楼处作为楼盘的重要组成部分，设计师将其定位于一个销售和休闲两用的场所，体现了休闲与豪华的都会空间，突出了大方、宏伟的效果。

1 接待大厅	8 办公室
2 吧台区	9 贵宾包厢洽谈区
3 小洽谈区	10 贵宾包厢用餐区
4 贵宾视听区	11 贵宾包厢KTV区
5 模型区	12 贵宾包厢男厕
6 厕所	13 贵宾包厢女厕
7 事务室	14 贵宾包厢备餐区

多层级布局

　　基地位于台北市主要道路上某既有建筑物内狭长型的地面层空间。由于客层的高端属性，因此以"高级私人招待所"结合"精致型售楼处"的概念来成型空间的布局及氛围。本案着力在形塑出便于客户与销售人员间轻松、自然互动的空间形态，同时更进一步发展成一个可以进行下午茶、餐会、品酒、欢唱KTV、举办主题式私人派对的精致型多功能招待会所式空间。

　　空间的布局因此利用"进"的概念，形成一进又一进的多层次呈现，一方面作为各功能之间不同层级的布局安排，一方面由让空间彼此"借景"，以突破基地本身狭长型的缺点，反而产生空间无限多变的趣味性。

现代优雅装饰

本案空间大气明了、简约素雅。整体空间由直线平衡组成，棱角分明，给人清爽利落的感觉。内部构成也体现出简明舒适的现代气息，整体空间以金、米黄、棕等暖色系列为主调，强调出售楼处的温馨、舒适，硬朗之余也不乏灵动，两者相互配合，令一个苍白无语的建筑体瞬间富有了极致的审美情趣。项目抛却都市繁华喧闹的外衣，将优雅沉静展示在人面前，更像是一处沉淀心灵的休闲会所。

复合概念
新北台湾科学园区售楼处

项目地点：台湾新北
项目面积：617平方米
设计单位：齐物设计事业有限公司
主要材料：云彩灰石、橡木染灰洗白、茶镜、贝壳纹壁纸、马毛壁纸

供　稿：齐物设计事业有限公司
摄　影：卢震宇
采　编：谢雪婷

项目的空间布局利用"进"的形式概念，使空间生成一进又一进的多层次呈现，同时强调了相接界面的灵活使用性，构成了弹性界面，并通过不同的开关组合方式，展现不同功能空间。设计采用云彩灰石，几何长方形元素等，以层叠的设计手法，展现了一个优雅舒适的空间。

品牌定位：项目为一销售大型办公室空间的售楼处，所以主要的客户对象是公司企业中的最高层领导人层级客户。由于此类型客层及空间对象本身的属性，因此以"旗舰型会议空间"结合"精致型售楼处"的概念来成形空间的布局和氛围。

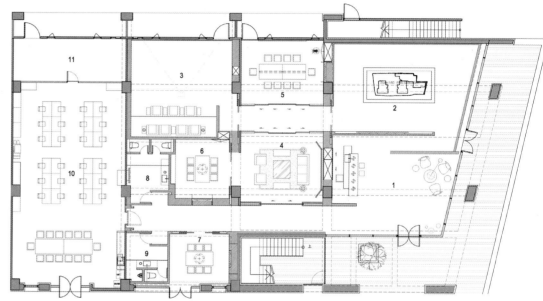

1 接待大厅	3 放映室	5 洽谈区#2	7 洽谈区#4	9 男厕	11 储藏间
2 主题模型区	4 洽谈区#1	6 洽谈区#3	8 女厕	10 办公区	

材料运用

    材料运用上，大堂运用云彩灰石，以层叠的设计手法，既简洁又造成极强的视觉冲击力，层层渐进地把客户引入到会议室。 整体空间采用了很多几何长方形元素，配合暖色系列的贝壳纹壁纸和马毛壁纸，并配以休闲简洁的欧式家私和陈设装饰来点缀空间，呈现了一个优雅而舒适的空间氛围。

弹性界面

项目空间的布局除了利用"进"的形式概念，可使空间生成一进又一进的多层次呈现之外，也强调了空间与空间相接界面的可开展可闭合的灵活使用性。即这一系列所谓空间与空间的"之间"，构成了弹性界面，透过对弹性界面不同的开关组合方式，搭配现场的使用需求，空间可以时而扩展至最大，展现开放型的空间架构，形成可容纳较多人参与的流畅型空间；或折衷至两进式，呈现出会议室与沙发休息区；或浓缩至最单纯独立的私密型会客空间或会议室。多种组合方式，构成了复合式、多功能的旗舰型会议式的售楼中心。

都市驻留之所
新竹雍河接待中心

项目地点：台湾新竹市	供　稿：杨焕生建筑/室内设计事务所
项目面积：660平方米	采　编：谢雪婷
设计单位：杨焕生建筑/室内设计事务所	
主要材料：木纹钢琴烤漆、镀钛金属、订制家具、 　　　　　大理石、进口裱布	

本案以"人文滨岸"为设计概念，不仅在外观追求大尺度的自然原始的造型，在内部空间中也使用了大块量体的迭合。自然素材在空间中大范围的对比使用，空间层次起伏生动，黑白的色调为空间营造出深邃静谧的气氛，多方面地再现生活真正的温度和质感。

品牌定位： 项目为一建筑接待会馆，设计者提出"人文滨岸"之设计概念，围塑一处可为喧嚣都市人流短暂靠岸之世外场域，并以人文质理之空间氛围，响应随忙碌节奏而遗失的生活记忆温度。这种空间的"都市驻留"并非短暂的视觉刺激，而是一场短暂而深刻的空间旅程，透过暂时抽离都市之空间经验，获得无限延伸的空间想象。

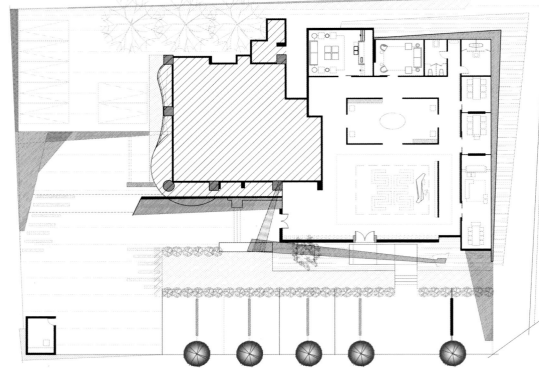

外观形象

　　中心的外形整体设计如水岸边的石头堆栈，具有强烈的意涵特征。黑白的色调构成磊石与流水对话——自然粗野、平滑干净的原始造型。粗犷的表面纹理，与周边高楼林立的现代都市形象构成显著对比，为复杂的都市脉络注入一道简要清新之自然起伏。

公共区域

　　建筑外形呈现大尺度之量体嵌迭气势，而后伴随点缀绿意及曲折滨水逐渐压缩空间尺度，然后进入室内旋即释放空间。刻意挑高的空间尺度，配合中心的天花框体，并加深核心区域的垂直尺度，呈现大厅空间静谧沉稳之空间气势。

会谈区以深邃木质廊道与大厅衔接，木质廊道空间相较大厅空间之光洁质感，前者的木质纹理更增添人文气息。廊道两侧垂直凹凸之木质形体变化，呈现节奏舒缓之频率起伏。空间以其黑白相映不但表达会谈空间的舒适感，也能运用对比色系提升身在其间的人之空间专注力。会谈区墙上的抽象画作，因其有表现力的构图成为空间聚焦对象。

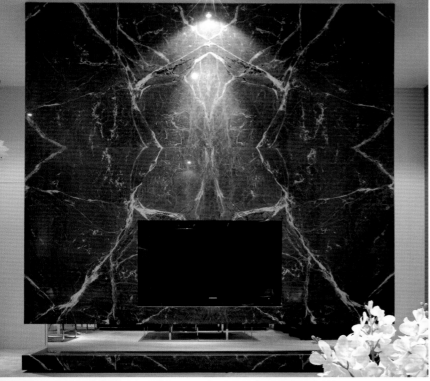

样板居室

　　样品居室空间以其宽敞且交互穿引的空间格局，体现出围塑空间引流环绕四境的格局概念，让居者生活俯仰之间能呼应自然律动之起伏。

　　客厅空间与餐厅共构一体，一系列横向开放之落地窗面，配合天花内凹体加深空间阴影面之表情。明亮且畅朗之水平空间向度，设计者以稍稍内退之沉质木墙柱，略为加深空间轮廓的起伏，也带出后续空间其向度上之交错迭合。

　　书房空间自成一局，内部沉质木墙架与黑质家具之围塑，提升空间的稳定感与专注度。背墙端景与客厅空间端景遥相对应，成就整体水平空间带既分且合之态势，增添空间极富生气之永续氛围。卧房空间则一反外部开放区域之宽敞轻亮氛围，突出沉静的空间质感。

品牌定位： 项目是台湾国泰建设下璞汇楼盘的接待中心，国泰建设为台湾知名集团企业——霖园集团成员之一，是国内资本雄厚业绩优良的房地产开发公司，亦是营建业第一家股票上市公司。

景致悠然
台中国泰璞汇接待中心

项目地点：台湾台中	供稿：周易设计工作室
项目面积：994平方米	摄影：吕国企
设计单位：周易设计工作室	采编：谢雪婷
主要材料：铁件、木格栅、水泥板、紫檀木、大理石、玻璃	

项目整体开阔、简洁，计划以地面景观烘托建筑，建筑本体是矩形，外观朴素却显精致，结合光源，凸显绿地、水景承托建筑物的轻盈之美，建筑前的景观设计同时响应绿色建筑的原则，构造出一个清幽自然的空间。

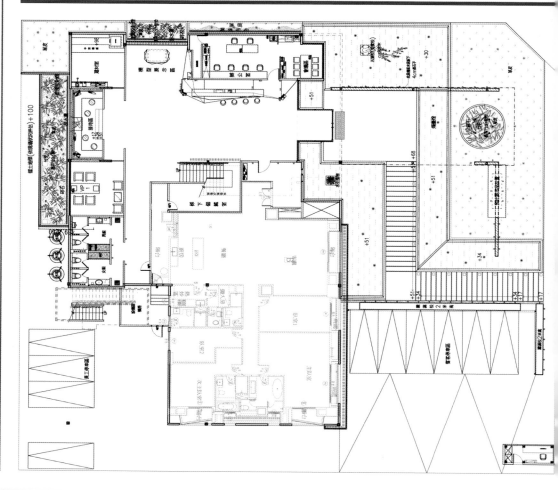

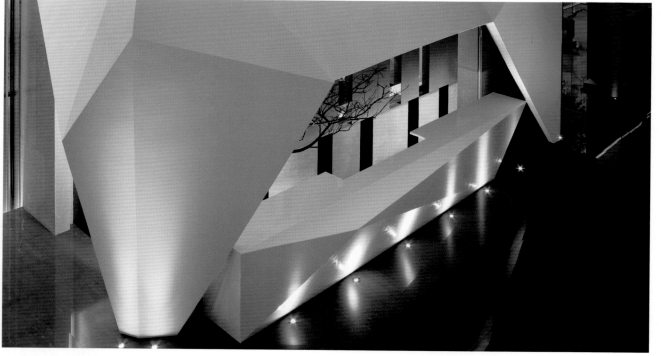

空间设计

项目位于台湾台中市，推开竹编大门进入内部，亮黑色地坪延展的空间开阔而深邃，动线配置延伸了简约的外观。

迎宾柜台是空间的亮点，由折纸概念而来的立体天棚与柜台基座，分别以木作搭配人造石建构，如同钻石立体切割的形体，横斜其间的黑色树枝，别具风格。此外，柜台后靠的水泥板背墙穿插着黑玻璃，让墙体更有层次。柜台旁有块以大面格栅衬底的角落，用来展示建筑模型，同样是钻石立体切割的白色基座，透过烟囱式聚光照明，凸显精妙的情境光源效果。

售楼部

独立洽谈区的设计相当注重隐私。刻意降板的地面铺设长毛地毯，以鼓凳点缀；沙发同样低台处理；设计师特意导入苏州庭园"有景则借，无景则避"的概念，配合横向大面玻璃窗，将窗外灰墙内的绿竹、光影意象吸纳入内，创造隐密却舒适的洽谈环境。

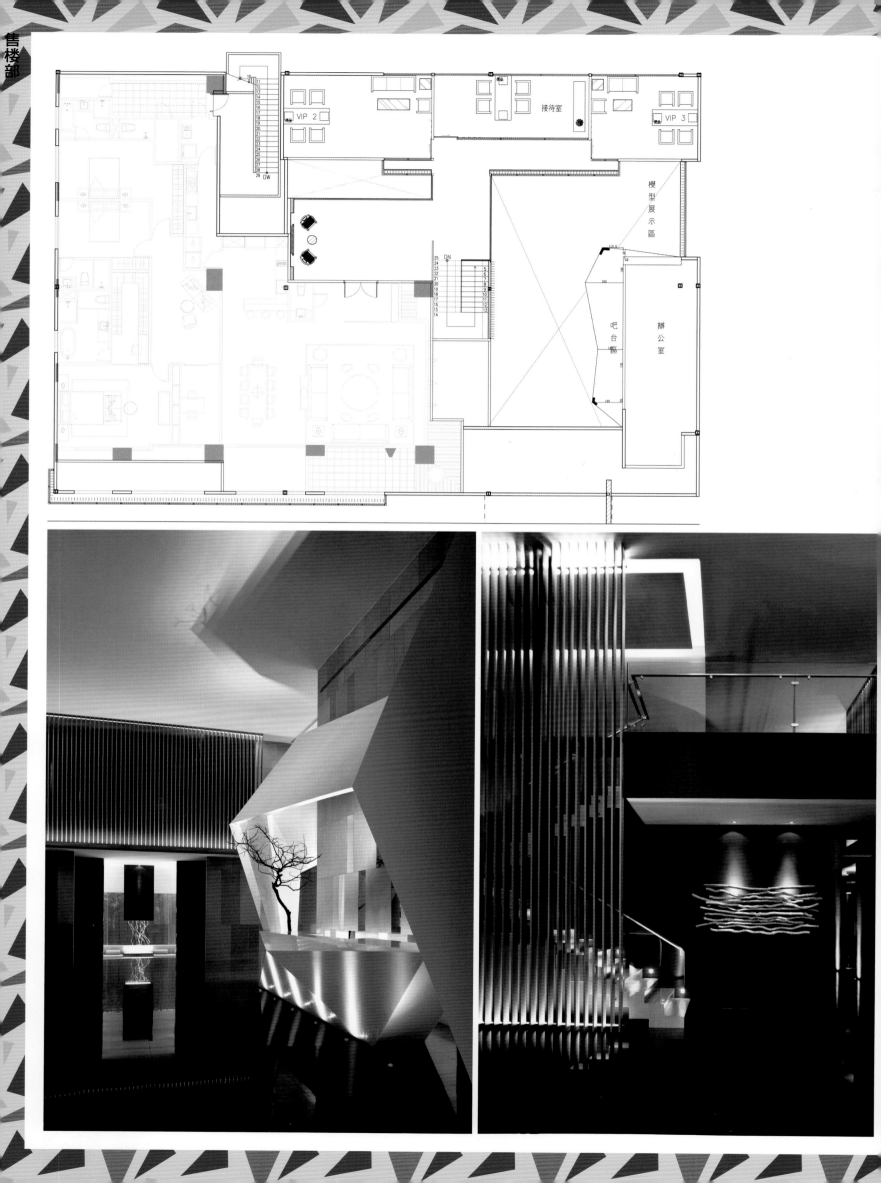

VIP 2

接待室

VIP 3

模型展示區

吧台區

辦公室

景观设计

设计师计划建筑融入周边地景，深度推演极简量体与环境的对应关系。建筑本体以矩形打开，以简洁的线条结构，搭配不规则拼接的灰阶水泥板，展现建筑体外观的素朴与精致，更结合点状、带状情境光源，凸显绿地、水景承托建筑物的轻盈之美，隐喻内敛的生命力。

建筑前端分别有两道成90度角的屏风墙，运用细腻的墙体开窗方式，赋予随机变化的框景效果。两墙中间围拱着前方圆形凿孔的天井廊遮，在这圆孔下方精心栽种绿竹，响应取法自然的绿色建筑概念。在视觉的导引上，则透过前后景的巧妙堆砌，兼具维护隐私与美化地景的实质意义。

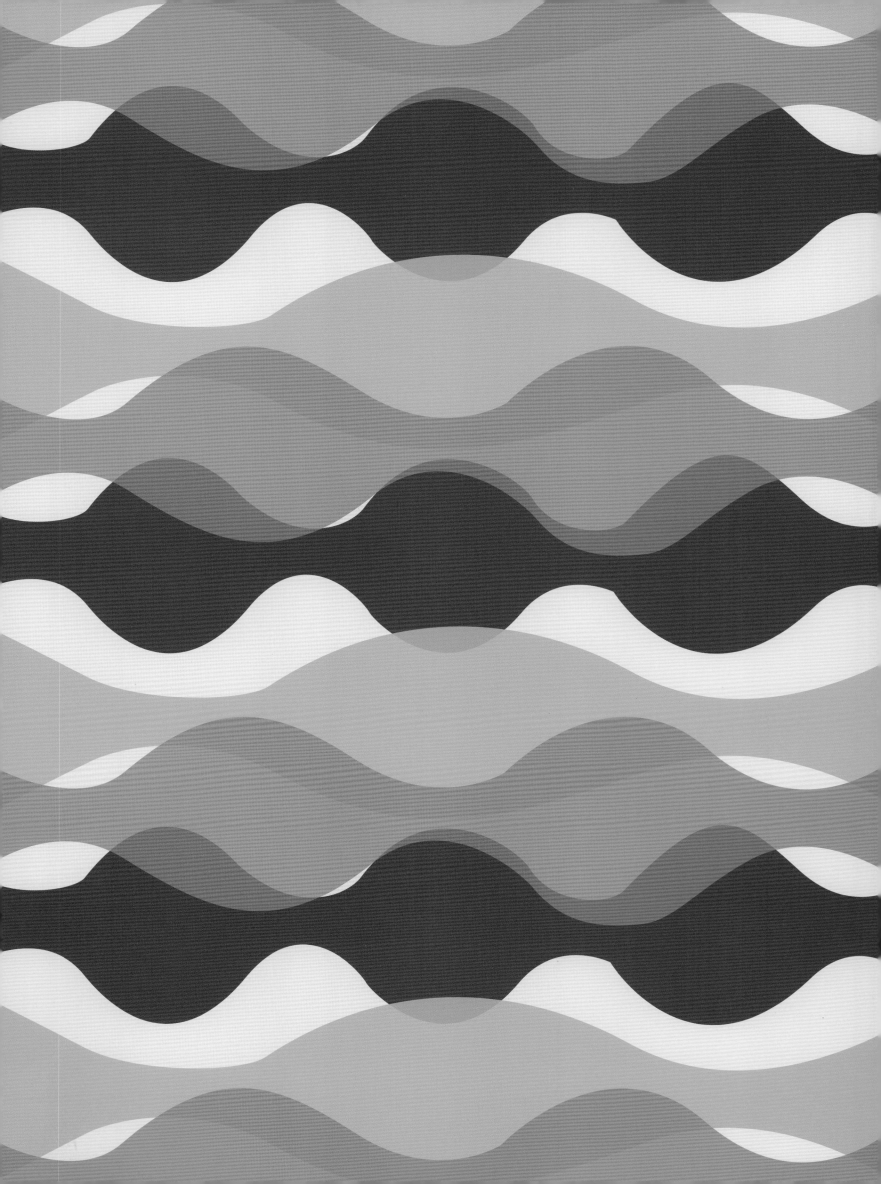

零售
心理博弈

　　优秀的零售空间设计，可以大大提高消费者的兴趣，促进其对产品和品牌的认知。因此零售空间的设计更多是一场设计师与业主、顾客的心理博弈。设计师借助设计语言来实现成功销售的目的，也满足人们的购买欲和获得优质服务的要求。

　　要打造一个优秀的零售空间，在设计上首先必须做到形式、风格上统一协调，这是零售空间设计的基本出发点。其次，店面装饰应避免过多、过杂，在处理手法上遵循简练、明确的原则，不仅体现装饰的性格，也方便引导顾客购物。同时，店铺的入口和橱窗是装饰的重点，需要在用材、用色和其他手法上加以强化。此外，还需通过空间造型、店徽、员工制服、手袋等加强店铺的识别性和招徕性，有助于品牌形象的建立和产品销售。

世外桃源
合肥观茶天下

项目地点： 安徽合肥
项目面积： 360平方米
设计单位： 中国(合肥)许建国建筑室内装饰设计有限公司
主要材料： 古木纹饰面板、小青砖、芝麻黑石材、仿古板

供　稿： 中国(合肥)许建国建筑室内装饰设计有限公司
摄　影： 吴辉
采　编： 陈惠慧

项目选择具有浓厚茶文化底蕴的徽派风格来彰显特点，通过现代简洁的设计来描述空间中的流动性、透明性、开放性以及互融性，创造一番世外桃源之地，让人享受一份放松、优雅的环境，细细体会徽州茶文化精髓。

品牌定位： 项目是观茶天下茶叶连锁商场在安徽地区开设的一家专业茶艺高端会馆，也是目前国内首家汇聚世界名牌茶叶的终端商场。它经营全国各原产地正宗品牌茶叶、各类茶具、茶食品，同时提供书画艺术、养生文化论道的交流平台。会馆展现徽派风格，传承儒道文化，高品味的会馆完美地展现了观茶天下的胸怀。

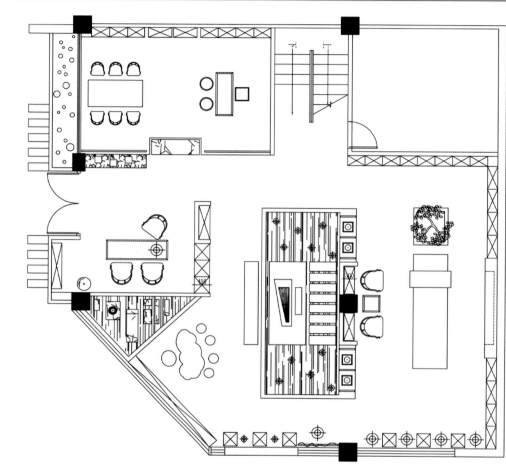

徽派文化主线

项目设计思路主抓徽州茶文化精髓,所谓:"酒好可引八方客、茶香可会千里友",正是设计师所要表达的内质。外观运用马头墙有序排列,可以增强徽派文化印象,让人容易注意到这番自然的净土。徽派建筑讲究四水归堂,上有天井,下有水景,设计师将室内一二层景观相互渗透,在空间中层层相互套接,每一处好似各自独立,却又能融合成一个整体。

旧物循环利用

设计师偶然在家具厂发现的上世纪留下来的废弃的旧桌腿,收购再利用改造成楼梯扶手,给废弃的旧物带来了新的生命,新改造的楼梯扶手具有一种仿古的韵味,是项目原始、回归、自然的体现。从而创造一个舒适、无压力的品茶环境。

多元功能区

  项目整体规划一楼是茶叶销售区，二楼是品茶区。一楼分为前厅接待区、体验区、休闲景观区、茶叶展示区。进入门厅运用书架式隔断。茶叶展区中间有水井相隔开，四周设循环通道。景观区有古琴、书卷架、观音、假山水景等。设计师把人造天井运用在空间中，其间的假山水景，巧妙地连接一、二两层楼，一楼可以看到人造天井，异常通透，采光效果好，二楼顾客可以围绕天井欣赏一楼布景。二楼饮茶区分服务区、休闲区、书画区、卧榻区以及冷藏储茶区等，功能齐全，以满足不同客人的需求。

温馨色调

  在色彩控制上，整
个空间以稳重的暖色调，
配合局部光源的处理，以
亲切温馨的视觉体验让空
间与人之间的关系更加紧
密。很多家具运用了原色
系，意在根本、本性、自
然的特征，茶香无形，使
品者反观自己真、善、美
的本性。设计师在寓意中
唤醒茶性和人性的真理。

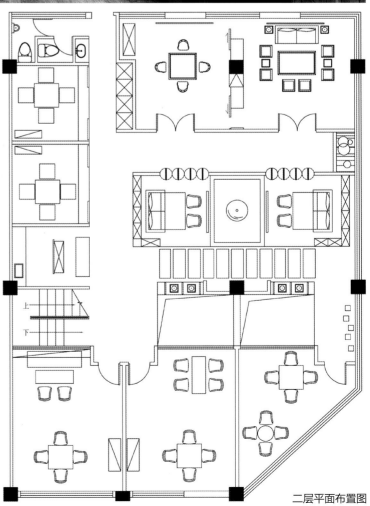

二层平面布置图

红色幻想
西班牙格拉纳达Store Reform

项目地点：西班牙格拉纳达
项目面积：48平方米
设计单位：A-cero Jaquin Torres &
Rafael Llamazares architects

主要材料：油漆板、LED灯、玻璃
供　稿：A-cero Jaquin Torres &
Rafael Llamazares architects
采　编：田园、张培华

本案的设计实现了Camper品牌与设计风格的融合，使该商店成为改善该地区市场的特殊力量。设计师在空间中注重雕塑感的营造，鞋架的曲状线条和变形的长椅是其具体的表现。空间采用品牌经典的红色和白色，植入一系列有机元素，带来梦幻般的极具冲击力的视觉效果。

品牌定位： 项目的前身是一家服装店，新店的店主是西班牙一个露营品牌的先驱Camper，致力于展览和销售时髦的鞋子。Camper品牌的每间商店都独具一格并且叙说着一个背后的故事。这些故事表现的好坏都取决于店内的物件和设计者的取向。本项目是该品牌在格拉纳达的第一家商店。A-cero因其真实、鲜亮和动感的设计而被选择来设计这家店。

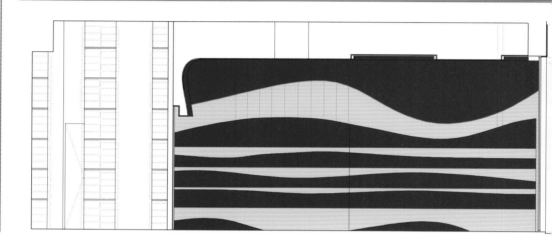

空间设置

该商店位于西班牙格拉纳达最著名的商业街Mesones，地理位置优越。地段的昂贵决定了项目设计第一个重点是对空间的利用，营造一个宽敞而有效的空间是必需的。同时，为了增强项目的雕塑感，商店中央的曲状模块被用作变形的长椅。在背景墙装上镜子也令整个空间看起来更为深邃。此外，商店门面的后方还有一个仓库。

经典色彩

商店在设计上主要采用两种颜色：白色和红色，这是Campler和A-cero室内设计项目中通常会用到的经典色彩。空间呈敞开式设计，同时植入一系列有机元素，比如展架使用白色漆板货架和红色表面，并且通过LED灯间接照明。商店的门面采用红色铝制复合板建造而成，而陈列橱窗则采用玻璃和红色乙烯基装饰，延续了店内的整体风格。

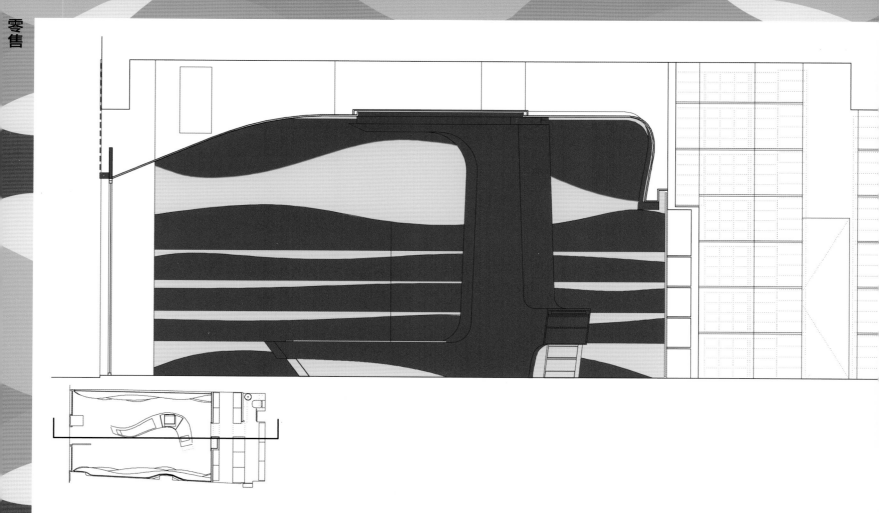

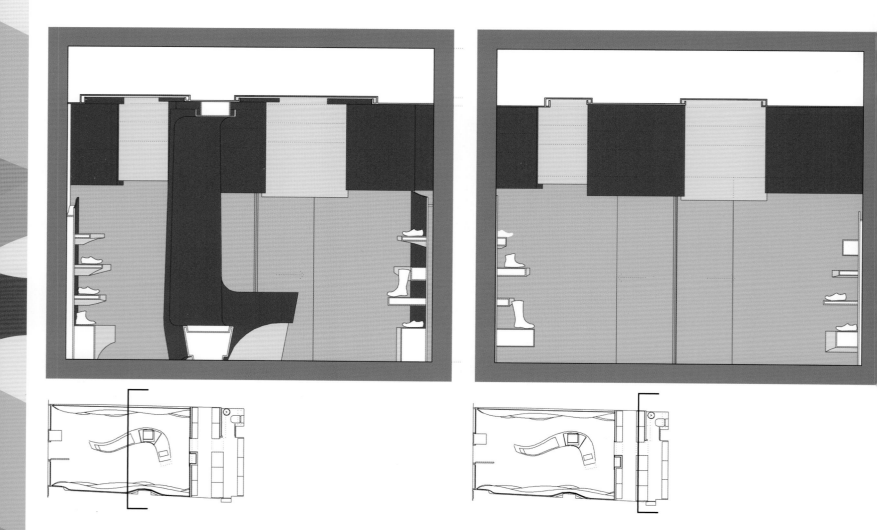

216-2

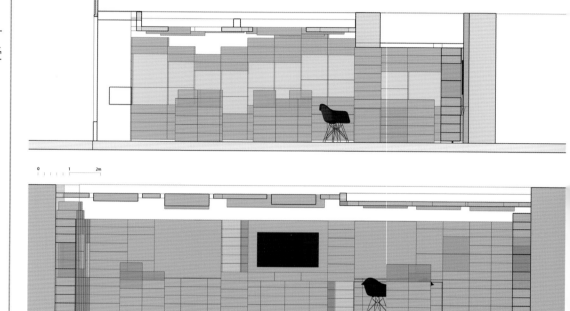

时尚方块王国

斯洛文尼亚Zlatarna Celje珠宝大街旗舰店

项目地点：斯洛文尼亚马里博尔
项目面积：5 600平方米
主要材料：玻璃、木材

供　　稿：OFIS architects
摄　　影：Tomaz Gregoric, Jan Celeda, Giulio Marghe
采　　编：谢雪婷

品牌定位： Zlatarna Celje品牌主营珠宝销售和黄金投资，本项目的设计基于Zlatarna Celje品牌的核心概念而展开，它也将应用于品牌的三种商店类型：大街旗舰店、购物中心商店以及黄金投资中心，每一种店围绕这个核心，进行适合于自己风格的设计。通过设计理念，顾客无论在哪一种店都可以感受到Zlatarna Celje珠宝的品牌效应。

项目的设计理念来自银行的保险箱，不仅因为其自身的材质和存放贵重珠宝的功能，也因为其外观的简洁大方。设计师将这些小方块陈列成楼梯的样式，既避免了因重复而造成视觉上的凌乱，也显得更具层次感。时尚清新的原木色柔和地凸显出空间的品质。

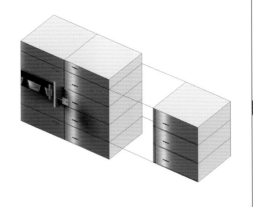

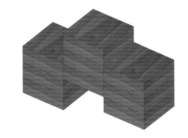

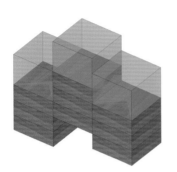

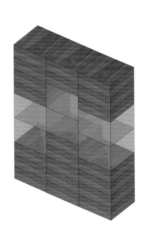

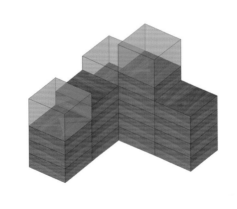

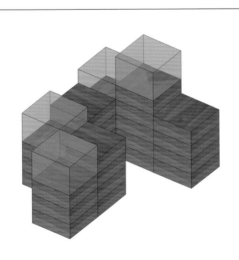

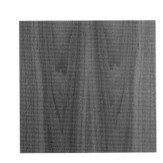

核心设计

  本案主要呈现的是该品牌第一家旗舰店，它位于马里博尔最繁华的街道上一座历史建筑内。店铺里的展示柜设计独特。设计灵感来源于银行的保险箱，它结实、保护性好，适合存放贵重的珠宝。设计师采用形状和材料一样的小展柜按照不同的层次拼成一个个大的展示柜，这样的设计既新颖又时尚，像楼梯一样的设计方式也避免了因重复而造成的视觉繁杂凌乱之感，而显得非常有层次感。

  空间采用的自然清新原木色系淡化了珠宝店本有的奢华感，营造出一种柔和的氛围，这也满足了客户的要求——用这样的氛围促进商品销售。

0　　　　1　　　　2m

理念的演化

　　以氛围带动销售的理念用到了购物中心和商业街精品店的店铺里，设计师将保险箱和温暖的家庭氛围融为一体。在金店，设计风格则让人感觉仿若是一个钢制的银行保险库，里面有很多保险箱，让人联想到珠宝制作的过程，给人一种非常正式的感觉。

奢华艺术
上海爱徒奢华旗舰店

项目地点：上海市南京西路	**供　稿：**十分之一设计事业有限公司
项目面积：420平方米	**摄　影：**卢震宇
设计单位：十分之一设计事业有限公司	**采　编：**谢雪婷
主要材料：木地板、鹿角、皮革、刨花板	

项目希望为顾客打造一个具有自己风格与时尚艺术的奢华之家，引入"爱·最时尚"的奢华生活理念，在空间内展现与品牌灵感呼应的"信、望、爱"的圣经视觉故事。无论是散落在大厅的小展台，还是产品专属的陈列区，抑或材质的运用，这条主线一直贯穿始终。

品牌定位：该品牌名字融合了五个源于意大利的奢华元素：爱、潮、技、诚、简，其灵感均来自新约《圣经》、《使徒行传》等典籍。作为在中国的第一家店，品牌引入了"爱·最时尚"的全新奢华生活理念，客人不仅可以在此选购到全球一线品牌的产品，更能在这个奢华殿堂中找到属于自己的风格与时尚艺术。

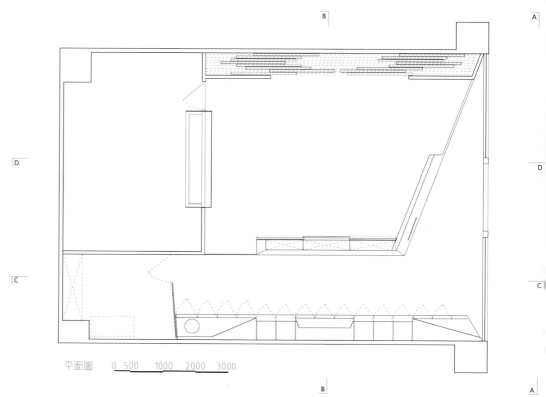

平面圖　　0　500　　1000　　2000　　3000

风格主线

　　项目选址于上海市南京西路的一栋老建筑中，该建筑建于1925年，历经了无数古典荣耀时刻的洗礼，低调之中令人感受到某种平静而神圣的气氛。设计师在整个店铺空间内展现"信、望、爱"的视觉故事，通过空间主题与影像的感官冲击，营造一个家一般的心灵空间，令顾客流连忘返。

爱-展台

　　进入大门，目之所及是创世纪故事中的生命树，由空间柱体中心点向上至天花，再进而下转至四周壁面蔓延的商品陈列架，象征着区分善恶以及生命之树。沿着天花枝干，垂落着一颗颗透明压克力，里面摆满了世界品牌的皮件。一楼四周散布着不规则的产品陈列台，寓意着人类因着伊甸园的犯罪而破碎；然而，借着旋高于天花的十字与相应的"完美的爱"—— 耶稣基督的救赎，生命得以完整。

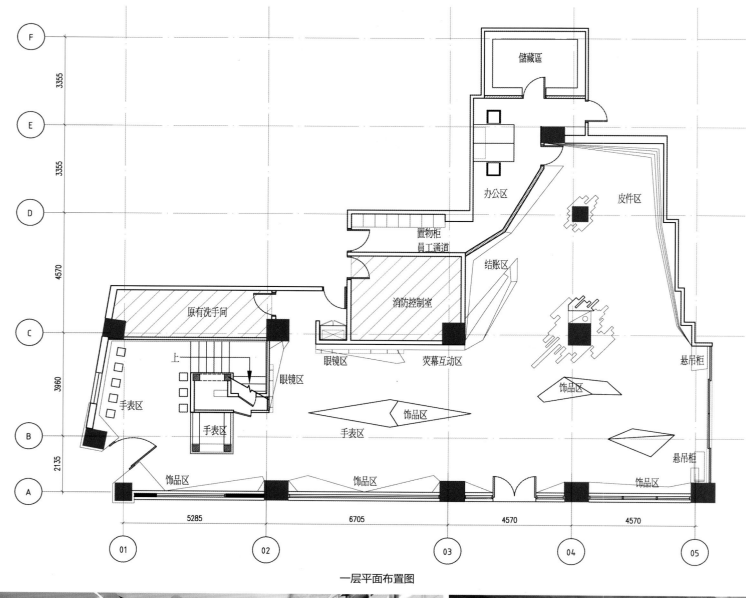

储藏區

办公区

置物柜
員工通道

皮件区

结账区

原有洗手间

消防控制室

悬吊柜

上

眼镜区

眼镜区

荧幕互动区

饰品区

手表区

手表区

饰品区

手表区

悬吊柜

饰品区

饰品区

饰品区

3355
3355
4570
3960
2135

F
E
D
C
B
A

5285
6705
4570
4570

01
02
03
04
05

一层平面布置图

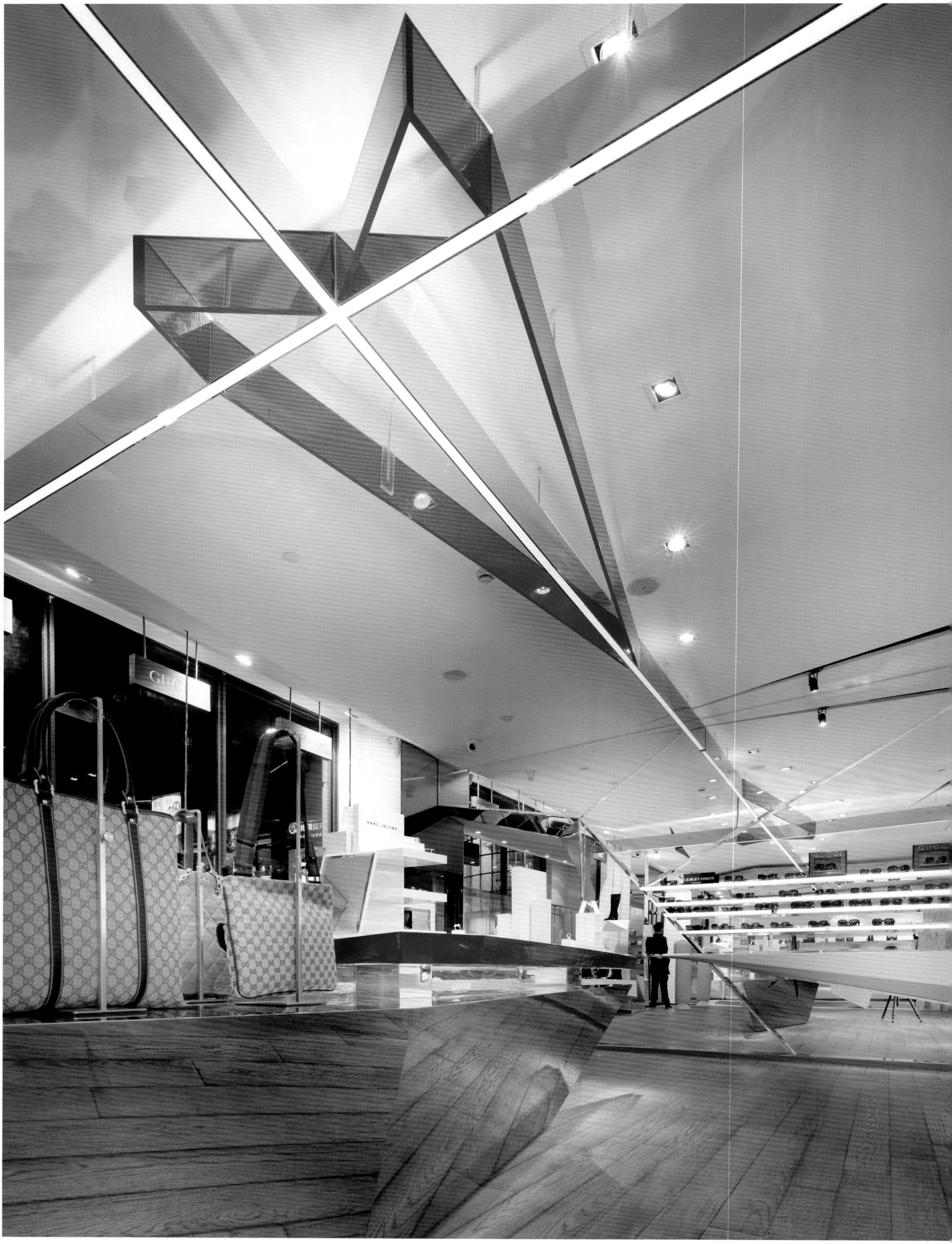
MARC JACOBS
GIORGIO ARMANI
GUCCI

信-专区

　　楼梯下的水池，是一楼入口的手表区陈列，象征着"信"，借着洗礼、重生，人类得以与父再次连结。沿着楼梯上二楼，是高级订制珠宝专区，宝

石的璀璨光芒闪耀在自由无拘的家居氛围之中，仿佛进入了梦境中满是财宝的乐园，象征着天堂的美好应许。

望－材质

　　材质上呼应的是诺亚方舟——代表着希望的故事，老旧船上的甲板，二次利用的木地板，叙述一个历经岁月洗礼的时空故事；架上使用的刨花板，是常用于货柜装箱的回收柜体材料，软装上的鹿角、皮革，随着设计师的手法，述说着方舟内动物的再生、传承、与耶和华的约。

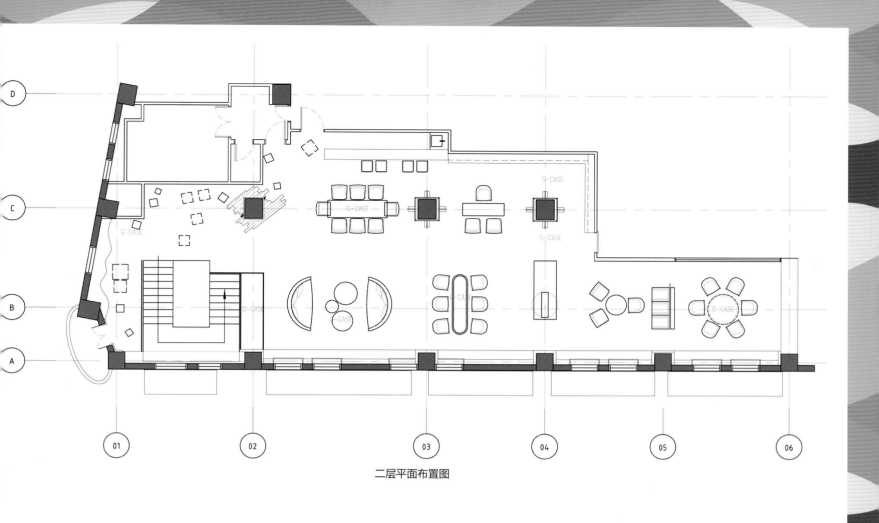

二层平面布置图

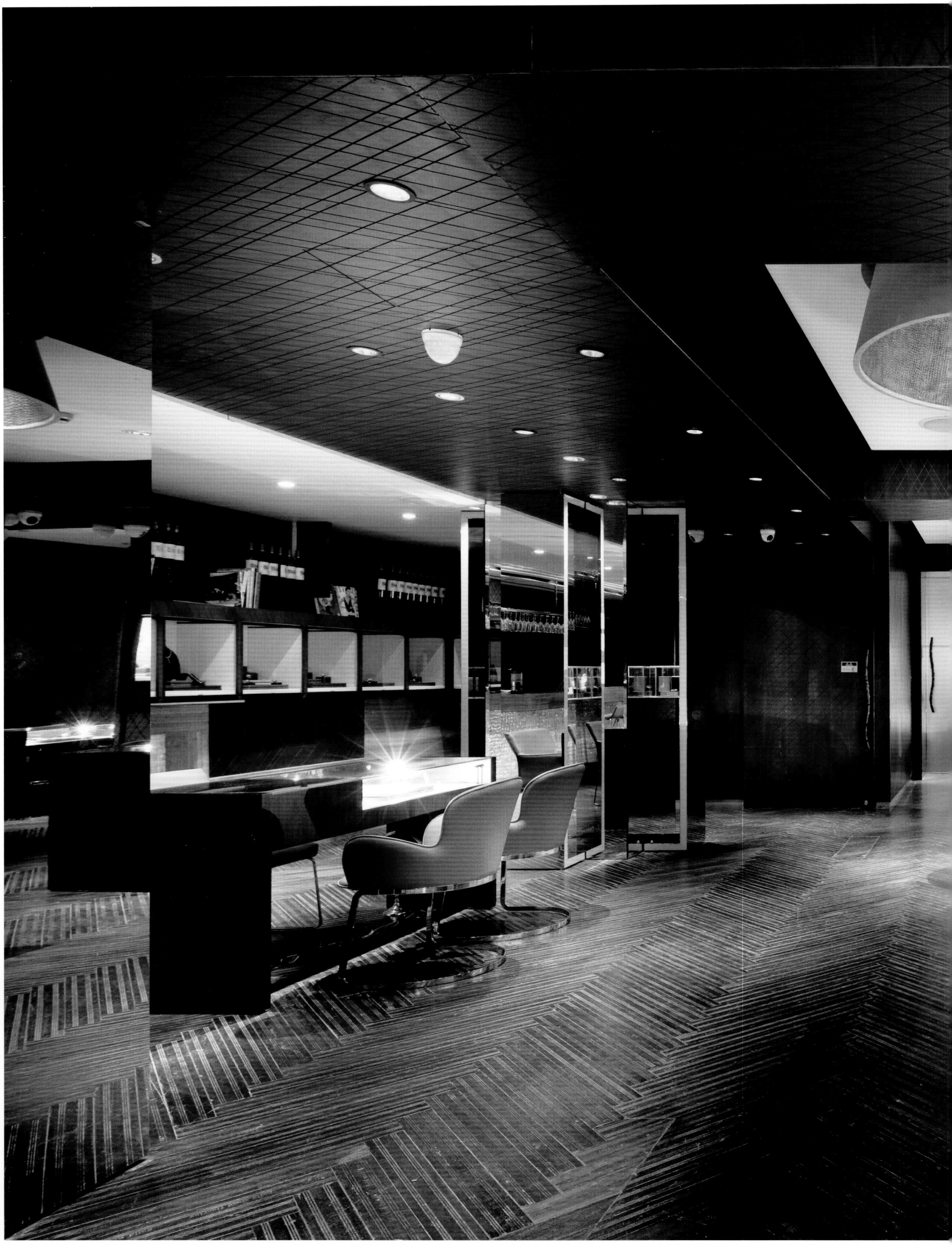

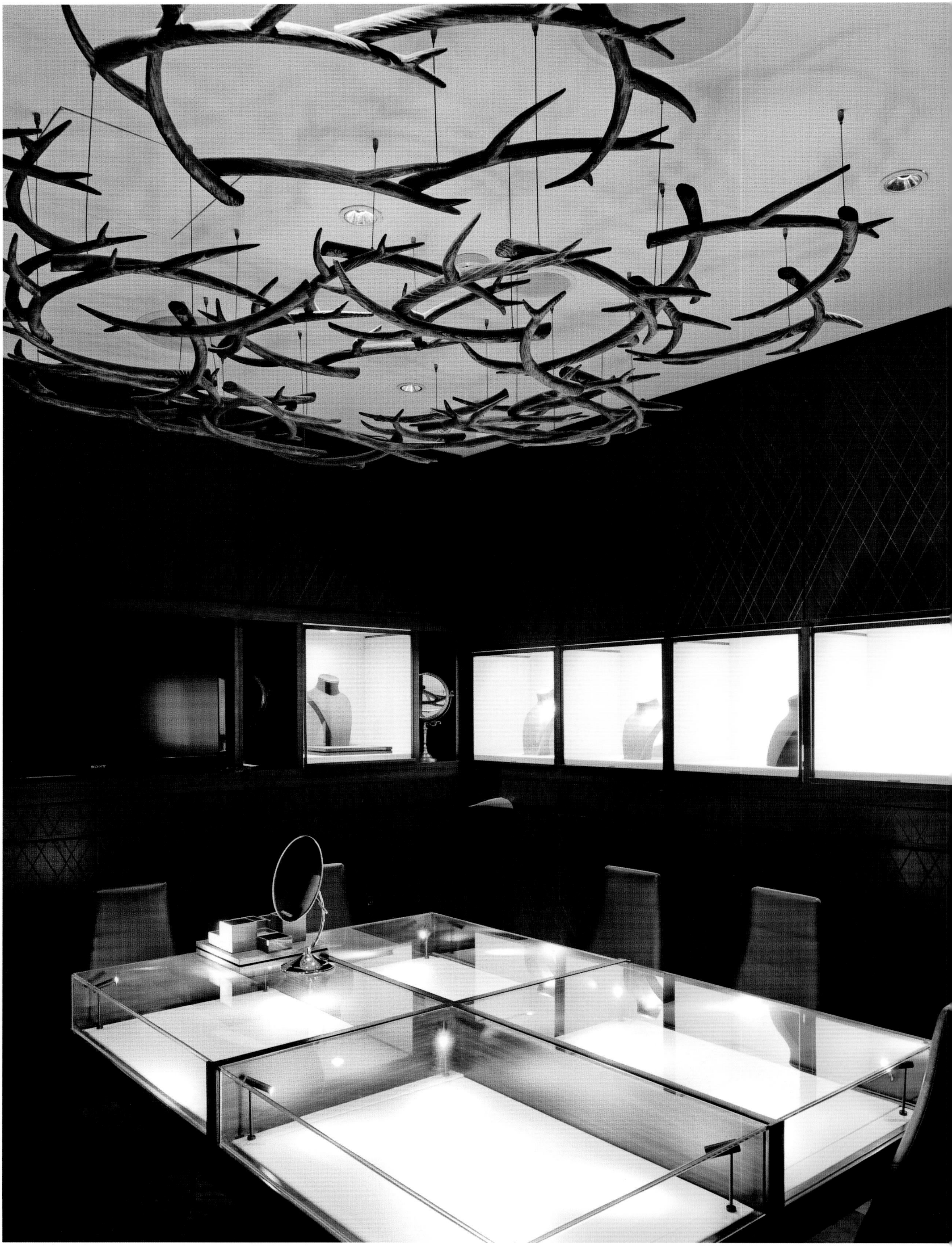

私密领地

上海HEIRLOOM概念销售店

项目地点：上海新天地步行街	主要材料：黑白相间大理石地板、金色不锈钢、
项目面积：60平方米	玻璃、白色漆框、橡木
设计单位：Dariel Studio	供　稿：Dariel Studio
	采　编：张兰

品牌定位： Heirloom象征着当今都会女性的自信，引领着都市新贵体验别出新意的时尚生活，探索自我特质，成为人人向往的楷模。品牌风格灵感来自设计师们的中西文化背景，位于上海的概念零售店被打造成首家以全系列皮革配饰为主打的品牌零售。

项目空间设计把奇幻世界和经典零售空间以现实主义手法进行完美融合，以闺房的梦幻设计为亮点，整体空间运用独特符号的装饰，使空间充满现代感却不失优雅，延续了其品牌概念，完成了惊艳的转身。

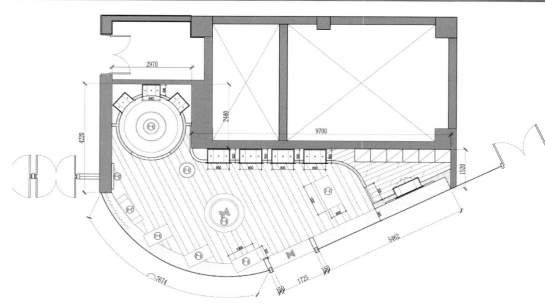

HEIRLOOM

明朗布局

项目位于上海新天地购物中心。整个空间只有60平方米，空间狭小，因此设计概念是重塑一个购物空间，使顾客感觉处于充满现代感却不失优雅的闺房中。空间整体布局清晰明朗，只有接待台与商品展示区两大板块。穿过古典的金属色大门，像瞬间掉进了一个幻想的世界。从接待台延伸出去的黑白条纹相间的大理石地板，通过接待台的反射，为空间创造了一个全新的透视视角，以增大空间感。展示区分出一个区域做特别处理，运用半圆拱门，感觉像是私密的闺房。

独特装饰

梦幻闺房

亮点设计是隐于空间角落、静静地被金色不锈钢围拢成一个圆柱型的空间,意为独特而私密的闺房设计。墙上随意的镶嵌着一个个金色铆钉,远望象被吹起的金粉散落在墙上,又似繁星点点, 这使得这个独特的闺房设计更加优雅梦幻。奢华的触觉感受更邀请顾客能自发地探索产品,享受一个亲密而愉悦的购物体验。深色的橡木定制挂包架,灵感来源于女士的衣架,不仅是手袋展示的一种创意变化,而且也重新定义了私密的闺房概念。

独特装饰

装饰设计运用具有装饰艺术感觉的灰色作为墙面,配以云朵状花边的白色漆框,来展示一系列独特的手袋精品。这些云朵状的漆框是特别为契合品牌感觉而设计的,用灰色的材质衬托出奢华的氛围。独特的室内装饰设计完全为配合这个空间而量身定做。

时尚橱窗
北京CATALOG旗舰店

项目地点：北京三里屯	主要材料：玻璃、木材
项目面积：385平方米	供　稿：Nendo
设计单位：Nendo	采　编：陈惠慧

项目通过具有时尚感的空间推动品牌引领尊贵休闲的潮流。本案的设计最具创意的部分，是整个店面被设计成多个展示橱窗，构成一个系列，令读者获得一种在翻阅产品目录的空间体验，这种体验更具直观性，更能吸引顾客。空间的色调和灯光则为项目带来时尚复古的感觉。

品牌定位： 这是香港时尚运动鞋精品店CATALOG在中国大陆地区的首个实体店。CATALOG的名称反映出其品牌理念：以同等态度对待不同品牌，积极协调并为客户提出良好建议。设计师希望在店面空间中塑造"CATALOG /目录"的特殊功能和吸引力。

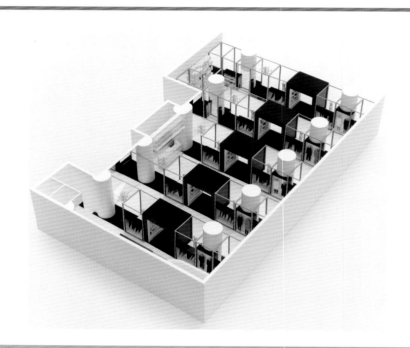

橱窗系列

项目位于北京三里屯北区，这里出入的人多是国内外的名流大款。CATALOG作为一个时尚运动品牌，在该地区众多的店铺中独树一帜，它独特的店面设计是一大特色。本项目店面的门面同时也作为橱窗，经过一连串的"粘帖复制"创造出一个类似翻看产品目录的空间体验。整个店面成为一个橱窗系列，所有的产品都确保足够的照明。

照明设计

空间以黑白色系为主，这种经典的色彩为店铺带来一种复古的感觉。这种复古与灯光相配合构成了本案最有特色的部分。一般店内照明在卖场中的作用，主要是提高商品陈列效果，营造卖场氛围，从而创造出一个愉快舒适的购物环境。本案的灯光起到了画龙点睛的作用，不仅将商品的个性完美呈现，也能很好地表现出本店时尚高端的品味。

典雅起舞之地
台北Deborach亚洲旗舰店

项目地点：台湾台北	供　稿：竹工凡木设计研究室
项目面积：132平方米	摄　影：竹工凡木设计研究室
设计单位：竹工凡木设计研究室	采　编：谢雪婷
主要材料：压克力管	

项目是台湾山二集团自创品牌Deborah的亚洲第一间旗舰店，设计师在空间的表现上摒弃奢侈主义与装饰主义，以品牌的蝴蝶标志融入空间线条设计，期望在这重视奢华美学的商圈，能以当代典雅的流线设计以及不重装饰的清淡质感脱颖而出。流畅的空间希望能带给顾客愉快的购物体验。

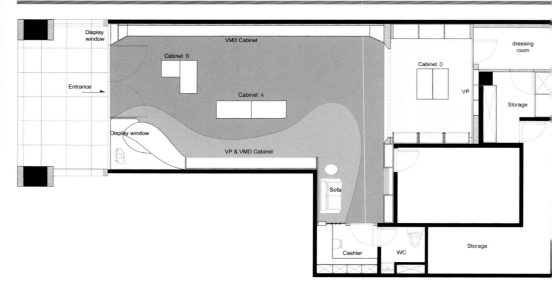

品牌定位： Deborah自1988创立于美国比佛利山庄，坚持将优雅及当代时尚的元素注入商品，结合成具有艺术与流行品味的经典皮包。飞扬的蝴蝶标志，象征女性在各种场合总是成焦点的特质，认为最平实的女性也能拥有最璀璨的气质。

璀璨入口

在入口意象部分，为了表现出品牌精神，设计师运用台湾本土玻璃砖，以45度角搭接，配合明镜及灯光的使用，呈现出独一无二的璀璨质感，同时也暗示了Deborah最常使用的菱格纹元素，除摆设主题皮包外同时也是可投影的面板。舞动的形体造型抓住顾客的视觉神经，同时象征品牌时尚经典的气质。

典雅空间

　　项目的店面整体宽阔，入口处设计一系列大型的自由形体展示台面，空间两旁皆是商品摆放台，收银台设在空间的底部区域，而整体空间简洁流畅，色调明亮清新，呼应了该品牌典雅而质感的设计，让顾客直接从视觉与神经上感受到该品牌的气质。

蝴蝶型流线

　　整个空间及摆设品的设计都以品牌的蝴蝶标志为设计主轴。采用品牌蝴蝶标志的线条，在空间的天花板上设计出许多曲线条，期望透过典雅简洁的流线形来给予空间最轻松的舞动感受，以跳脱重金打造的奢华空间压迫感。灯具的设计是利用每一根都不同长度的压克力管组合而成，共计2 800根，透过计算机辅助设计系统创造出一系列仿蝴蝶动态，以呼应该品牌的流线感与不重装饰却一样成为注视焦点的本质。

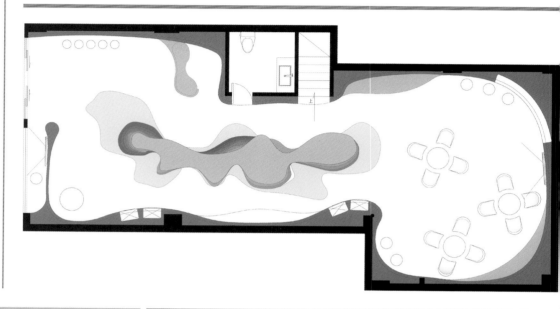

简约纯色
珠海启尔红酒酒具专卖店

项目地点：广东珠海	主要材料：亚克力、木材、白油漆
项目面积：100平方米	供　稿：深圳市华空间设计顾问有限公司
设计单位：深圳市华空间设计顾问有限公司	采　编：陈惠慧

这是一家清新、时尚、突破传统流线设计感的红酒专卖店。白得纯粹的烤漆陈列柜以及墙壁，富有张力的线条等等，无不透露着时尚的气息。项目结合当地城市的气息，从客户的角度出发，设计出符合其定位的气韵生动的装潢，营造具有感染力的空间环境。

品牌定位：红酒有其自身独特的魅力，对于那些没有机会去法国波尔多，也不了解红酒文化，却对红酒有着浓厚兴趣的人来说，另一种不同的生活可能就从拥有一套红酒酒具开始。专卖店的设计致力于营造有感染力的购物环境，第一时间抓住顾客。本案根据店铺时尚现代的定位，打造出具有高雅品位的商业空间。

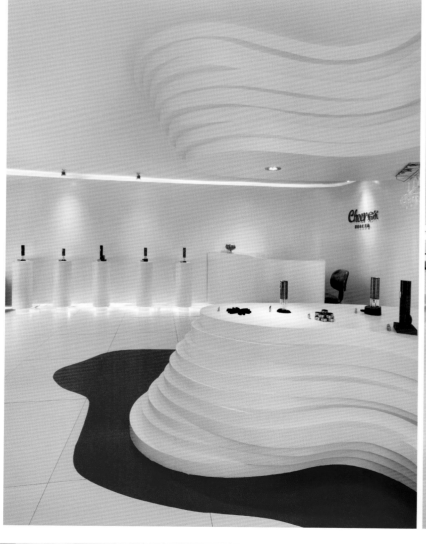

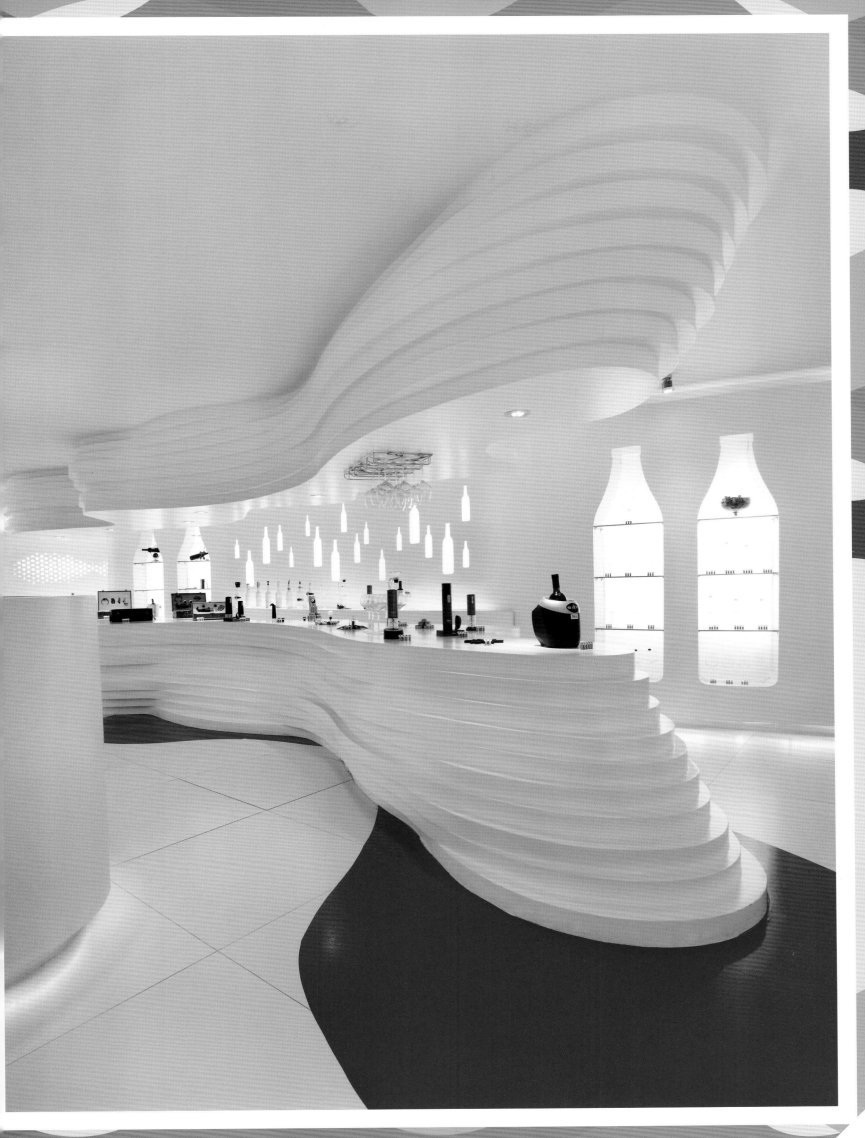

白色简约主调

　　项目位于美丽的海滨城市——珠海，它地处于繁华的闹市中心，却又与灯红酒绿的都市保持着适当的距离。基于此，整个店面的设计时尚简约，以白色为主色调，从墙壁到地板、抑或是陈列柜，全是不掺杂一丝杂质的纯白，扑面而来的纯粹白色让你的视线变得明朗，心情变得沉静。设计师以简单、白净的设计，突显酒具的独特与典雅,令人产生无限遐想的空间。

梦幻新意流线

　　酒具台打破传统方正木讷的方式，看似随意地勾勒成别具新意的流线型，并且与吊顶相对称，使空间无限延展。其梯田型的台身，使空间更为立体而有层次感。吊顶的淡淡灯光洒在酒具台上，那些玻璃的器皿显得更加晶莹剔透。最具特色的莫过于酒瓶式图案的墙壁橱窗设计，大大小小的酒瓶橱窗，既提供了摆设商品的空间，更是呼应店面主题，给人亦幻亦真的感觉。

红色视觉点缀

　　若是整个店面全是一律的纯白，未免会有点视觉疲劳，设计师顺着流线型的酒具台，像是在地面缓缓地倾泻红酒一般，慢慢地铺展开鲜艳的红色，流向远方。其不规则又柔和的形状，在整个白色的空间里不显得突兀，却增加了更多的浪漫气息，提亮整个空间的视觉效果，吸引顾客的眼球。

未来科技印象
香港NIKE FUSE概念店

项目地点：香港
项目面积：35平方米
设计单位：Studio Arrt
主要材料：水晶玻璃、亚加力胶片、图像贴纸、
镜胶、LED变色灯带

供　　稿：Studio Arrt
采　　编：陈惠慧

项目从配合品牌新技术的推广出发，营造了具有科技感的空间氛围。整个空间设计的重点是突出NIKE创新的"FUSE"三层压印技术，这种主题的表现载体是店铺的入口和中央展示台，通过多种线条、具有故事性的装饰，配合跃动的灯光效果，构筑一个以未来主义为先导的时尚空间。

品牌定位：项目是位于香港白沙道7号的NIKE概念店。跟NIKE其他分店不同，此店铺主要推广NIKE核心的生活态度、模式和最新的产品技术。为了推广NIKE最新的"FUSE"三层压印技术，本次项目的室内空间设计是以三层为一组的形式，建构一个未来主义先导的空间关系和装饰特色。

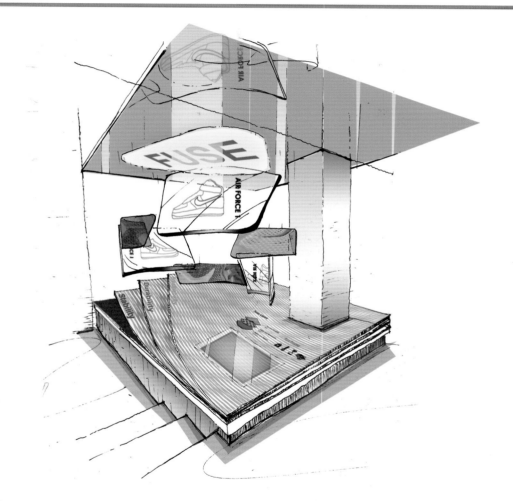

入口设计

店铺的入口两边展示墙都以表贴于玻璃上的三层直线纹理组成。不同角度的直线配合背部的光源，整合呈现出一种FUSE技术独有的网纹效果，这种网纹被普遍应用于新技术的产品。这些墙上网纹的大小和组合会随着客人的步行和站立的距离而产生变化。配合新技术标志性的灯光效果，显示出NIKE新压印技术和其运动产品之间的微妙关系。

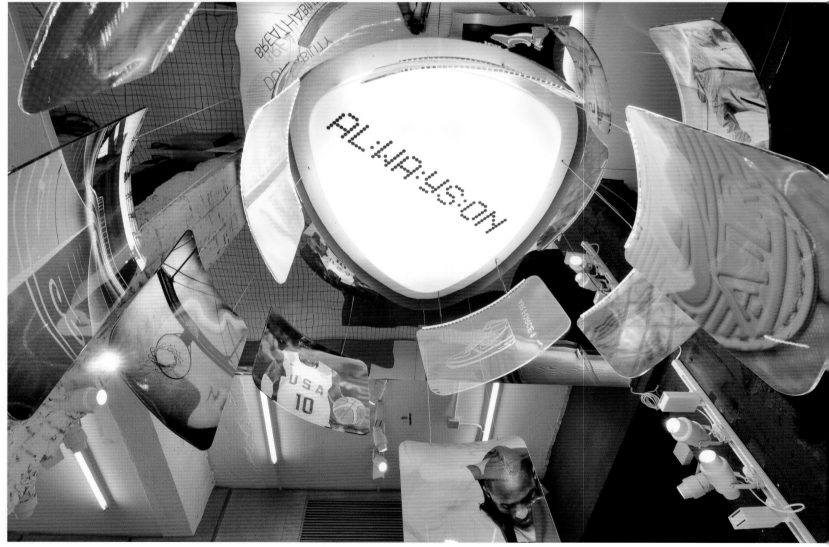

主体设计

位于店铺中央的展示台可以说是本次设计的主体，它同样以三层的直线纹理组成，并印上了FUSE的三种特性的关键词。其上空位置垂吊着不同的产品图像和雕刻图案，动态的垂吊方式，使图像与图案或互相重迭或分离，配以各自不同的灯光效果，以最跃动的姿态去展示新技术FUSE背后的故事。

海底童话
英国伦敦monki专卖店

项目地点： 英国伦敦卡尔纳比街37号	**主要材料：** 喷漆金属、有机玻璃、中密度纤维板、木器、
设计单位： Electric Dreams	镜子、抛光铝、胶合板
	采　编： 陈惠慧

品牌定位： Monki全时装系列是由东京街头风尚与北欧清新品位相互冲击而成，提供女装服装、配饰、牛仔等诸多产品。希望让勇于表达自己的女性穿出型格，显露出独特自主极富创造力的一面。Monki零售连锁店就以其最强、最独特的室内理念而闻名，位于伦敦的专卖店以"扇贝之海"为主题。

设计以讲述故事的形式、以"扇贝之海"的主题来设计这一来自伦敦的monki专卖店。项目采用夸张的颜色搭配，运用镜面天花和照明系统等来营造一个缤纷亮丽的海底童话世界，为顾客提供一个个性十足、超现实空间的购物环境。

自由区域

项目位于英国伦敦卡尔纳比街。从店面与门头的个性设计，可以从外部窥探到这个光怪陆离而缤纷多彩的童话世界。项目的区域设置主要是由商品的摆设而划分，从入口进入店铺，皆被定制摆设与商品，共同划分出一个个专卖区，看似混乱，实际有线路可循，且可根据功能自由变动。再配合缤纷的铺装与错乱的灯光，创造出超现实的空间效果，仿佛置身于童话之中。

海底世界

    项目的设计以卡其色为基色，用镜面天花、照明环境以及定制设计装置创造一个光怪陆离的海底世界。设计师以多即是美来诠释其设计理念。项目的每一个细节设计都强调了这个新设计理念。衣服挂在缠结的绳索上，如一艘纵帆船；镜面天花形成全反射水面；服装摆放在激光切割的睡莲状桌面上，地板铺设着地毯，如长满青苔的海底；墙面覆盖白色金属鳞屑，这种鳞屑来自一种曾经存在的水下生物；有触手的水母随着灯光一起闪烁，营造无限大的空间视野。

白色梦想

澳大利亚墨尔本candy room 零售店

项目地点: 澳大利亚墨尔本
项目面积: 50平方米
设计单位: Red Design Group
主要材料: 白色乙烯基板、天花板瓷砖、涂白石膏板

供　稿: Red Design Group
摄　影: Richard Kendall
采　编: 陈惠慧

项目以"房间"作为设计理念，以纯粹黑白铺设的空间，将简单的线条注入到白色墙面及货柜装饰中去，形成一幅幅插画与虚拟房间。简单的黑白、对比的色彩、缤纷的糖果，使空间到处都充满了梦幻的童话色彩，虚实相交的设计让人们内心中可能已经迷失的童心找到回家的路。

品牌定位: Candy Room是墨尔本一家糖果零售店，售卖的糖果以低含糖量为主流，他们称他们的商品叫做"够甜了"，除了提供各式各样诱人的糖果之外，也创造出不同的消费环境，让买逛糖果商店变成尝新的体验。

"房间"理念

　　项目位于墨尔本中央商务区中心地带。设计师想要创建一个好玩、简单、充满幻觉的空间。采用"房间"作为设计理念，在白色的空间绘制了许多插画，以此代表一个幻想中的房间。整个空间，甚至是空间中的固定装饰都被涂成白色，墙上简单线条绘制而成的插画活灵活现，影射着房间的构成元素。厨房防溅挡板、炉子上煮沸的锅、装裱画框的孩子画像在墙上活灵活现，桌子实际上是白色的盒子，配上黑色线条，变身为有着实际功能的展示架。

白色基调

    白色是空间的主色调，将轻盈的插画般的线条注入到纯白的墙面及货柜装饰中去，仿佛梦想照进现实，将童话中才会出现的梦幻场景搬到生活里。而空间中唯一的彩色——缤纷的糖果，成为向往的所在。五颜六色的糖果成为装点空间的装饰品，为整个空间穿上炫丽的外衣，另外穿插着实际的物品。而这些物品也恰如其整体主题一般，几乎都是线条感的物品，例如网状的灯罩、黑白的层架，让整体更像是把插画的世界抓到现实生活中，也让糖果商品更显缤纷。从感官上来说，项目的室内设计是由纯粹的白色开始，向人们呈现了一个幻想中的房间，而实际上这个房间又并非真实存在。

零售

the
chocolate
factory

staff only

大型综合商业
情境体验

　　现代大型综合商业结合了绿色景观、游乐活动、文娱设施、购物休闲、文化展示等，是购物娱乐、休闲生活的重要场所，有"城市大起居室"之称。这种包罗万象的综合体，使原先单一的购物活动转变成一个多元化体验和交流的综合过程。

　　大型综合商业为人们提供了购物、交流、观光休闲空间，同时将商业人流高效地组织到交通中去，因此动线与流线规划成为这类空间的重点设计。常表现为多重立体化的构成形态，在水平流线网络之间，布置大量垂直交通工具与连接工具，形成多重空间流线的连接节点，把功能场所很好地连接在一起，让消费者快速便利地享受各种功能需求。另外，商业空间的采光也是空间设计中必须要注意的问题，丰富的光源能起到提升空间通透感与立体感的作用，为消费者提供一个舒适的购物与休闲娱乐环境，增强消费欲望。

自然光景
广州太古汇

项目地点：广东广州	**主要材料：**玻璃、深棕色系的木纹贴纸、实木扶手、
项目面积：逾358 000平方米	采自耶路撒冷的琥珀色石灰石等
（此楼面面积不包含停车场及文化中心）	**采　编：**罗曼
设计单位：Arquitectonica	

本项目注重空间感和流线感的营造，空间以一个东西长向和一个南北短向的"十字"相交布局，椭圆的中庭和横贯商场顶层的玻璃天廊是商场独有的特色，自然光通过这些设置可以直接洒落在每个楼层，空间变得明亮舒适，视野也因此得以无限延伸。空间的内饰简洁柔和，有利于营造一个舒适的逛街环境。

品牌定位：太古汇是太古地产位于广州的大型综合发展项目，由太古地产开发建设并运营管理，由一座优质购物商场、两幢甲级办公楼、一家五星级并由文华东方酒店集团管理的酒店及酒店式服务住宅，以及一座文化中心构成（太古地产并不拥有该文化中心）。传承集团多年的国际化专业经验，太古地产悉心打造下的太古汇将成为集休闲娱乐、商贸活动、文化艺术于一体的综合商业体。

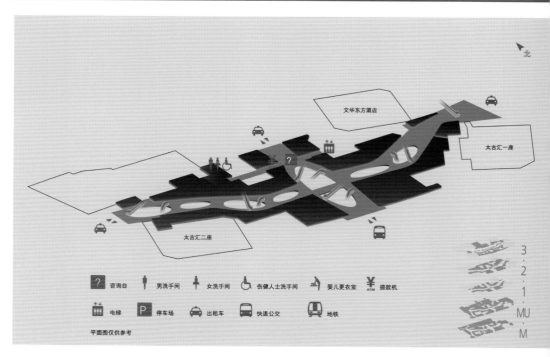

"十字"布局

项目位于广州市天河中央商务区核心地段，毗连城中文娱及金融商业区。整个商场空间设计为一个东西长向和一个南北短向"十字"相交的布局，商场营业范围为地上三层，地下两层。东、西和南面商场的主入口设计为大型"玻璃盒"，营造了醒目、舒适的入口空间。

内部装饰

太古汇商场内部天花板非常简洁，既没有璀璨的水晶吊灯，也没有层层叠叠的欧式雕纹，有的只是星星点点的节能灯，以及一片片椭圆形的镂空，借助自然光为商场照明。一方面是为了低碳、节能，另一方面也是想突出商家，让顾客被明亮的商店所吸引，营造一个舒适的逛街环境。

项目选用的内饰材料的颜色非常柔和，主要是深棕色系的木纹贴纸、实木扶手、以及采自耶路撒冷的琥珀色石灰石等。

光线运用

多个椭圆形镂空的"天井"使自然光直接洒落在商场各楼层，光照让地面以下的楼层不再具有压抑感。在室内人造灯光效果的考量上，太古汇也别具心思。室内灯光补充了自然光照不到的地方，鹅黄色为室内用光的主色调，而中庭底部连贯灯槽与手扶电梯下方如繁星般排列的小灯，则映衬着主色调，进行同色系灯光点缀，使商场整体照明在白天自然舒适，夜间柔和雅致。

时尚体验之都
深圳京基百纳空间

项目地点：广东深圳
项目面积：83 500平方米
设计单位：美国LLA

主要材料：铝合金、钢化玻璃、木板、金属面板、石材
供　稿：深圳市京基百纳空间
采　编：陈惠慧

项目希望给城市带来全新的时尚消费新体验，在设计上不仅富于高雅的艺术美感，也兼顾了顾客的体验感。空间布局的细分满足多方面的需求；流水的元素融入空间，令空间线条、格局更加自然流畅；装饰和家具简约而艺术，营造具有高格调的舒适购物环境。

品牌定位：项目是一个最新成为深圳新地标的商业综合体，它的定位是国际精品时尚购物中心，汇聚购物、美食、IMAX影院、休闲、娱乐于一体，希望打造一个令人耳目一新的体验式购物场所。它以"时尚的高端，潮流的前沿"为经营主旨，奉行的是奢华但行走于年轻的路线，空间的设计呼应项目的定位，高雅而富有艺术感。

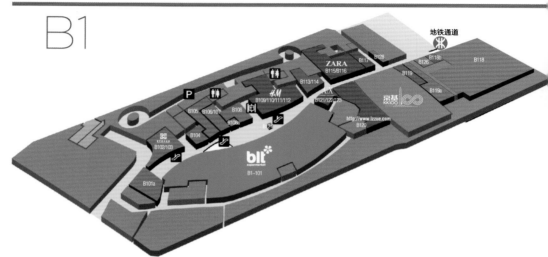

五大核心区域

商场地处深圳市繁荣的蔡屋围金融中心商圈，空间的设计与国际潮流同步。整个商场的地下四层为停车场，主要的商业区域集中在地上四层，商业区域包括了"体验空间"、"潮流空间"、"时尚空间"、"精品空间"、"生活空间"五大类。另外还有三个大剧院式的自然采光中庭，用来举办不同规模的活动。

流水元素

这个购物中心的设计灵感来自流水。外立面以不规则的流线线条为主，设计生动时尚。阳光透过状如一对游动的锦鲤的曲线形金属面板从天窗照进室内，形成水下闪闪发光的情景。购物区的格局设计也是曲线形，提升狭长环形空间的视野。另外尽可能多地保留楼面面积，让自然光照到室内，并在全部五层楼之间形成开阔而通畅的循环。

简约装饰

商场地面运用了不同颜色、错乱有致的石材组合而成，简约时尚。在购物中心南面和北面还摆放了形状不一、颜色各异的椅子供顾客小憩，从高处往下看，不规则的摆放兼具了实用和艺术美感。每一层的设计流线都有弧度，且为不规则错层设计，弱化了一眼望到尽头的弊端，有别于其它购物中心。室内豪华的玻璃天花天穹，宽敞的无阻挡动线设计，营造出高格调气势，加之一些人性化的设计，为顾客带来更为舒适享受的逛街环境。

品牌定位： 满家乐购物广场共有五层零售空间，四层在地面上，剩下那一层位于地下室，总楼面面积达到40 000平方米，属于一个同名的综合开发项目的一部分，该项目还包括办公空间和酒店式公寓。

热带气息
马来西亚吉隆坡满家乐购物广场

项目地点：马来西亚吉隆坡
项目面积：40 000平方米
设计单位：思邦设计

供　稿：思邦设计
摄　影：Milk Photographie
采　编：陆洁艳

项目旨在激发感官体验，提供富有吸引力的购物环境。中庭地板采用马来西亚的国花扶桑花的抽象图案，展现了地域文化与热带风情，引导购物者前往不同的购物区域。屋顶采用的是环保三角形ETFE气垫，配上钢壳支撑系统，以调节日光，从而达到降低热能吸收的目的。

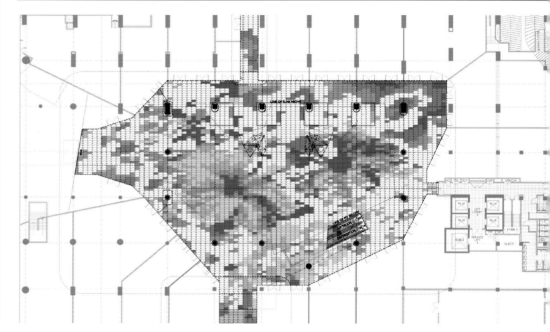

环形动线设计

　　项目位于马来西亚吉隆坡，根据部署循环设计策略，将整个购物广场设计成连续的环形动线通道,使店铺更加容易定位。首层公共空间的设计目的是营造吸引眼球的中庭空间，地面装饰着抽象的扶桑花图案，传递着吉隆坡特有的热带气息，区分活动空间和展示空间等不同功能区间，同时连接首层其他功能空间。为连接上层空间，设计了一组自动扶梯，连续不断地向上螺旋转动，可以将整个中庭空间的景色尽收眼底。扶梯的换向设计使顾客能够清楚看到各楼层的店铺，也可以直接来到屋顶露台。玻璃屏配上画廊栏杆的设计，使整组扶梯显得简洁大方。

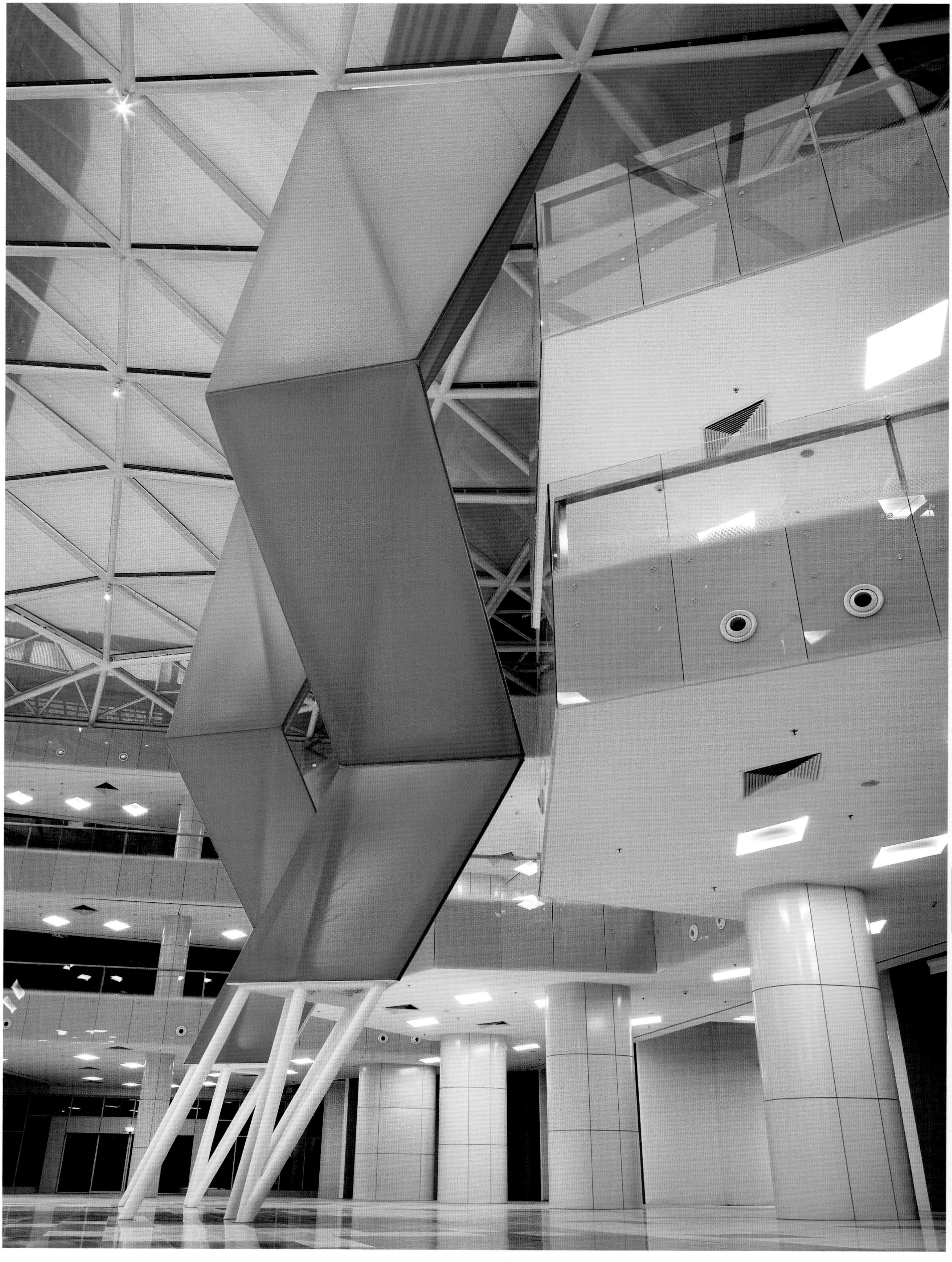

中庭屋顶

项目的核心杰作无疑是中庭屋顶设计，采用了环保的ETFE聚氟乙烯材料。ETFE是一种轻量覆盖材料，搭配轻型钢结构支撑系统。ETFE轻盈的气枕式屋面还具有照明和投影搭配效果，天花的色彩可以按照活动举办要求更换。屋顶的形状由周围建筑元素决定：北边与顶层高度齐平，由于顶层南边设置了一个屋顶露台，南边的屋顶则折叠起来，以留出露台空间。项目地处热带，频繁的降雨使屋顶能够进行自动清洗，保持干净整洁。三角形的屋顶结构靠矗立在中庭空间的两个侧面空间框架柱支撑。这两条"腿"同时肩负减少屋顶跨度和支撑中庭阳台的作用。

店铺分布

为了更好分配店面空间，所有店铺前线向后退，在廊空间留出"小广场"。这部分空间可以整合成"岛式店铺"，既可以保持廊空间到店面空间的视觉连接，又可以为商场提供更多可供租赁的小店铺空间。

中庭空间设计了许多大尺寸的阳台，由混凝土结构框架和屋顶结构柱构成支撑。有些阳台被设计成小零售店，有些则为享用餐饮服务的顾客提供座位。

银行

个性设置

　　银行属于金融业态商业空间，对内是一个办公机构，对外是
一个服务平台。作为办公类商业空间，既要充分展示银行的实力，又要
展示特有的企业文化和大众亲和力，以及以人为本的经营理念。因此空间设计应
当注意整体空间的标准化、功能化与个性化，借此树立一个严谨而独特的企业形象。
　　空间风格通常偏向现代、简约，线条流畅、通透，功能区间清晰，回避过多繁复的装饰。
此外，空间设计要反映企业文化与自身个性化特点，主要通过色彩与灯光的设计来突出体现，
这项设计是银行空间设计的重点。银行色彩与灯光的设计要在遵循空间设计的基础上
进行，作为办公空间，并不像娱乐空间般以营造浓烈的色彩与强调视觉冲
击，银行空间强调的是空间的质感，营造舒适、明快、简洁的氛
围。此外，针对客户的需求，倡导个性化服务，提供全方
位功能设置也是银行空间的设计要点。

科幻之境
波兰华沙PKO 银行

项目地点： 波兰华沙	**主要材料：** 玻璃、墙纸、软包
项目面积： 483平方米	**采　　编：** 谢雪婷
设计单位： 罗伯特迈酷设计工作室	

品牌定位： 项目是波兰储蓄银行的私人银行分支机构，项目设计的出发点是白猫工作室开发的银行企业标识，尤其是波兰储蓄银行的现代化商标，LOGO图形元素颇具启发性，以"PKO"字母组成独特的形状。设计师在处理图案主题时十分创新，通过引入额外的维度完全改造了二维模式，将图案投射到室内设计的三维模型上，实现了空间的转化。

项目采用三种优雅的色调，即黑色、白色和金色作为室内基本色彩，其他图形元素同样颇具启发性，特别是网格装饰图案，由网格状的正弦线组成，配合室内的灯光照明设计，在室内空间中贯穿使用，让人仿佛进入一个高科技的三维空间中。

三大基本色

　　项目的综合色彩是黑色、白色和金色，三种色彩被贯穿使用，并利用灰色进一步补充。设计师采用特定的方法将金色的色调进行调和，在黑色与白色的强烈图形对比中达到一种平衡，具有独特的装饰效果以及丰富的象征意义，使空间充满戏剧效果的氛围。

　　室内空间中用不同的比例和强度诠释了项目的标志性色彩。客户服务区采用黑色和金色的优雅组合作为主色调，后台以白色为主要色调，会议室的墙壁主要采用温暖的金色，象征在黑色的接待厅和走廊之后是该银行的精华区和中心区。

银行

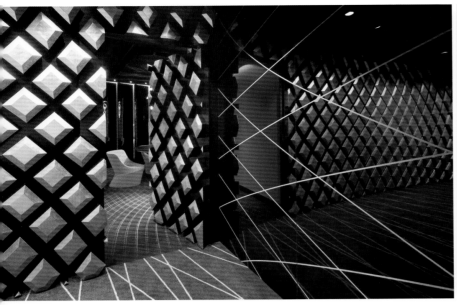

四种个性装饰

室内装饰材料包括墙纸、墙面装饰层、家具以及天花板装饰品。现代化家具以及照明灯具突出了室内空间的个性化特点，天花板上的灯光可以随着节奏发生变化，从白色到温暖的金色，光线的运动与照明设计的波浪形状相协调。

精美的网格利用众多变化来展示其装饰性，作为一种地板和天花板的线条模式，网格在改良后呈现精美的图案形状，比如玻璃墙上的喷砂处理、软包主题以及几何状柱子。为达到天花板与地板交错的效果使用了参数化设计的特殊软件，促成网格状线条的变化，使它们聚集在一个抽象的点上。

两大功能区

项目被划分为两大功能区，即客户服务区及后台。

客户服务区包括休息室与接待室，这两个空间连接成一个开放的整体，采用优雅的黑色作为主色调。休息室能用作银行客户的等候室，接待室还通往会议室，接着穿过走廊到达会面室以及经理办公室。这样的设计旨在特别保证与客户洽谈的慎重性，先进的多媒体设备以及中央控制系统对各个房间的掌控将客户服务提升到一个最高水平。

后台区设计的主要原则是为工作人员创建一个舒适高效的工作环境，因此引进了空间呈开放式设置的办公室，柔和的色彩以及玻璃墙进一步强调了其开放性和宽敞性。

橙色波浪
波兰华沙ING银行

项目地点： 波兰华沙	**主要材料：** LED灯、钢化玻璃、地毯
项目面积： 1 392平方米	**供　稿：** Robert Majkut Design
设计单位： Robert Majkut Design	**采　编：** 谢雪婷

项目的基本概念是为银行的重要客户创造崭新的、抽象的空间。这种要求在空间的形式和色彩上都有反映。空间的形式以自由流动的波浪墙为概念，灯管的图案也是流动的波浪；色彩则以高强度的橙色为主打色系。这两者都带给客户以未来主义的强烈视觉冲击。

品牌定位： 设计旨在为那些对银行至关重要的企业级客户创建崭新的、抽象的空间。而私人银行作为与富人客户间特殊的空间连接，它的设计要求有别于一般的银行。本次设计的重点区域是客户服务区，作为与企业客户洽谈互动的区域，它的设计令人期待。

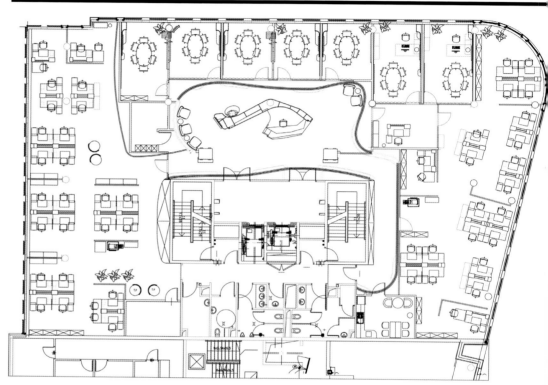

功能性布局

　　项目位于波兰首都华沙的市中心，作为一个讲求实用的金融机构，内部的设计充分考虑到各部分空间的功能性，颇具代表性的接待室占据了中央位置，被调整为等候室。柜台则调整到适合更大型洽谈活动的大小，配备了标准的基础设施。客户区与后台直接相连，后台的空间专门满足了非正式接触及创造性活动的需求。

流动的波浪

　　从形式上讲，项目以自由流动的波浪墙概念为基础，在原有墙面上形成了一种若即若离的效果。白色和橙色的双层设计为室内设计加上了一层坚硬的外壳，囊括并展示了整个客户区的入口、通道和独立房间。波纹般自由奔放的倾斜墙面给人以未来主义的强烈视觉冲击，同时又丰富了设计和建筑内部的干预效果。它好比为一栋固定的建筑缝上一层内衬，并将所有规整有序的空间掩藏在表层和几何形状下。

　　室内的每一个空间都展示了本身的厚度和多层次性，在室内灯光的照射下显得尤为明显。根据这一原则，设计师又打造了内部核心岛，以曲状的平面在接待处下方开辟出一个新空间。在它的上方，倒挂的锥形透明灯管组成流动的波浪图案。

高强度色彩

整个空间沿用了ING国际集团的经典色彩。相比其他机构，客户对银行空间高强度的色彩运用更感兴趣。橙色被选定为主打色彩，辅以大面积的白色，间或配合少量的灰色。除此之外，地毯和家具中夹杂的亮蓝色也丰富了整个主打色系，打破了过于温暖和活跃的氛围。冷暖色调的平衡使得整个空间看起来更加冷静。定制的家具，如接待台、会议桌、座椅、墙体、地毯花纹和接待室地毯的大型几何图案成就了一个复杂而又精致的项目，使其在每一层都呈现最完美的整体，不仅展现了一个完美的内部空间，更赋予了ING银行明显的视觉识别标志。

品牌定位： 中国建设银行浙江省分行是中国建设银行辖属一级分行，是一家以中长期信贷业务为特色的国有商业银行。中国建设银行浙江省分行自1954年10月1日成立以来，始终以服务地方经济建设，满足客户需求为己任，在浙江经济发展的不同历史阶段，支持了许多大小工程项目的建设，为浙江省经济发展、社会进步和人民生活水平的提高作出了重要贡献。

和谐光影
杭州中国建设银行浙江省总部

项目地点： 浙江杭州 **项目面积：** 60 000平方米	**供　稿：** 中泰照明集团 **采　编：** 方燕

项目通过出色的照明设计，以"绿色节能、人性化、简约"为主题。多样化的照明、缤纷的灯光，赋予了各功能区独具特色的意义，使简约的空间在光的作用下更显立体感与现代感。和谐的色调缓解了金融场所的紧张情绪，为人们提供了一个充满艺术人文氛围的办公场所。

空间设计

项目位于浙江杭州，以现代简约风格为主调，采用白色与米黄色基调，在空间处理上强调室内空间宽敞、内外通透，在空间平面设计中追求不受承重墙限制的自由，墙面、地面、天花以及软装陈设等均以简洁的造型、纯洁的质地而打造，并且尽可能不用装饰和消除多余的装饰，浅色抛光地砖、米色墙面、通透的大窗户，加以流畅的空间线条，把各个功能区间很好地区分开来，形成清晰连贯的空间组织。

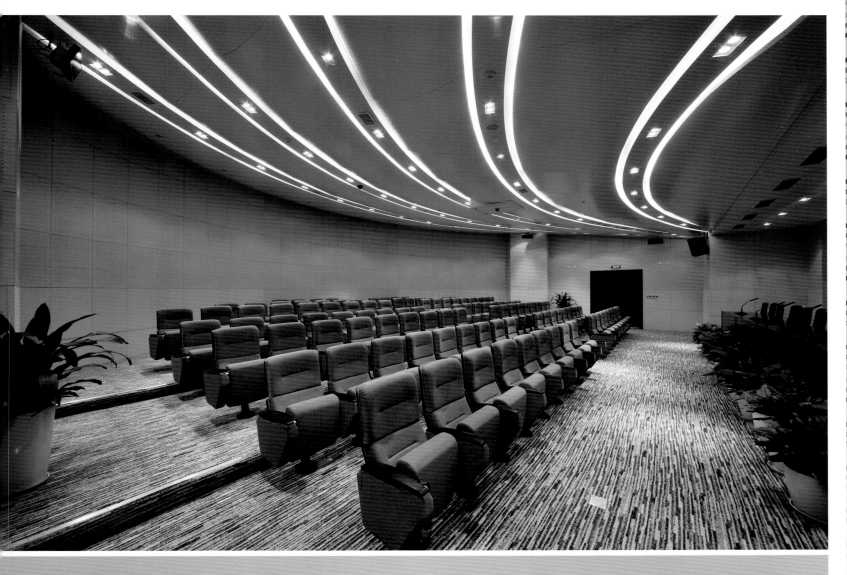

特色照明

  照明系统的设计是项目的重点与特色，中泰照明集团针对项目的室内设计风格，整体照明解决方案定制了"绿色节能、人性化、简约"为主题的照明概念。多样化的照明设计，仿佛是一个调色盘，充满艺术效果的灯光氛围让传统印象中银行业规矩古板的感觉荡然无存。时尚中透着优雅，品味中显现着活力，兼顾了以人为本的艺术人文气氛，又能体现金融办公环境的专业素养。